新潮文庫

ゾルゲ　引裂かれたスパイ

上巻

ロバート・ワイマント
西木正明訳

新潮社版

7126

目次（上）

序

第一部

第三部

ゾルゲ　引裂かれたスパイ（上）

序

リヒアルト・ゾルゲという近代史上まれにみるスパイの生涯は、数々の仮構と歪《わい》曲《きょく》と捏造《ねつぞう》に彩《いろど》られている。本書はこうしたゾルゲの虚像をはいで真実の姿に迫ろうとする試みである。長期にわたる、日本、ロシア、ドイツ、中国、アメリカでのゾルゲ像の探索過程で、彼の諜報網《ちょうほうもう》の仲間やその家族の方々、彼の友人知己、赤軍諜報部員である彼と対立する立場にあった方々と面識をえた。だが、そうした方々の何人かは、残念ながら本書の完成を待たずにお亡《な》くなりになった。しかし、喜ばしいこともある。最愛の人ゾルゲの思い出を語ってくださった石井花子氏や、亡き夫ブランコ・ド・ヴーケリッチについていろいろ話してくださった山崎淑子《よしこ》氏がともにご健在で、それぞれ東京と横浜で静かに余生をすごしておいでになることだ。

本書執筆に当たって、ゾルゲ事件に直接関係した多くの方々との面談に加えて、これまで未公開であったロシア国防省やKGBの保管資料、ドイツの外交文書、日本及びドイツで保管されている回顧録や記録文書が大いに参考となった。しかしそれ以上に、ゾルゲと彼の諜報員たちが日本の警察で行った供述は、豊富な資料を提供してくれる。もとより、拘置所において恐怖と隣り合わせでなされたこれらの証言の取り扱いには、慎重な配慮をしなければならない。こうした供述をもとにしてゾルゲ伝を書く際にもっとも頭を悩ますのは、死刑の不安に怯《おび》えながら行われた証言にどれだけの信憑性《しんぴょうせい》があるかを判断することである。

直接面談に応じてくださった方々、手紙や電話で情報提供をしてくださった方々にも心から感謝したい。この方々の名前は、注記として記録にとどめてある。また、エタ・ヘーリッヒ＝シュナイダー氏には、特別お世話になったことを記しておきたい。エタ氏は一九八六年（昭和六十一年）にお亡くなりになったが、その三年前にお会いしたとき、ゾルゲに関してたくさんのことをおしえていただいた。それも実に貴重な事柄を。ゾルゲが自由の身でいた最後の数カ月のことをご存知なのは、エタ氏をおいてはいない。さらに、大友龍氏にもお礼を申しあげたい。同氏は日本に埋もれていた多くの資料を発掘しかつあいまいな点を明確にして、労を惜しまぬ協力をしてくださった。ケンブリッジ大学コープスクリスティ・カレッジのクリストファー・アンドリュー教授には、ソ連諜報員がゾルゲの報告を確認するために、通信傍受すなわち日本の通信を盗聴して暗号を解読した手口について、詳しくご教示いただいた。

「あまりに多くの嘘《うそ》が書かれています。あまりにたくさんの歪曲が」これはエタ・ヘーリッヒ＝シュナイダー氏の言葉である。同氏は、筆者がそうした虚構を絶対視することを恐れて、どうか事実を記録してほしいと強く訴えられた。本書はその願いに応ずるために書かれた。

プロローグ　衝突事故

昭和十三年（一九三八年）五月十三日（金）の午前三時近く、東京の中心街虎《とら》の門《もん》一帯を包む静寂は、雷鳴のような轟音《ごうおん》に打ち破られた。一台の大型オートバイが、南満州鉄道ビルの角を曲り駐日アメリカ大使館へ向かう道路を、唸《うな》りをあげて疾走してきたのだ。突き当たりは高台となっており、そこで道路は左右に分かれている。エンジン音をいっそう高め、オートバイはまっ暗な小道を左へ折れた。小道は大使館南側の石垣に沿って急坂をなしていた。

その直後、耳をつんざく衝突音と金属の飛び散るけたたましい音が響き渡った。大使館表門付近にいた巡査が飛んで来たとき、路上にはひしゃげたオートバイが転がり、一人の外国人の男が血まみれで倒れていた。石垣に激突したらしい。散乱した金属の破片の間に、男のものと思われる歯が何本もこぼれている。男は、ドイツ人記者リヒアルト・ゾルゲと判明した。

大使館近くに住んでいたアメリカ人医師スティードフェルドが呼ばれ、負傷者に応急手当てを施した。ゾルゲの友人でドイツ人貴族のプリンツ・アルブレヒト・フォン・ウラッハが、帝国ホテルから駆けつけた。彼が到着したときゾルゲは瀕死《ひんし》の状態で、いかにも苦しそうにうめいていた。

ウラッハはこの光景に肝をつぶした。だが、それはまったく予期しないことではなかった。彼とゾルゲは、前日夕方から西銀座のバー、ラインゴールドで酒を飲み、ついさっき別れたばかりだったのである。事故が起きたのはその直後のことだ。二人は夜更《よふ》けすぎに、よろめきながらバーを出た。ウラッハは、タクシーを拾うか歩いて帰る方がよい、オートバイは危ないから、と言った。ところがゾルゲは、いつもの自信満々の調子でこれを一笑に付した。彼は、辛気くさい注意に取り合うような人間ではなかった。これだけ酔っていては、何を言っても無駄だろう。勝手にするがいい、とウラッハは思った。

ゾルゲは血まみれの口を辛うじて開き、ウラッハにかすれ声で言った。「頼む。クラウゼンに、すぐ、来る、ように、言って、くれ」

六本木に住んでいたマックス・クラウゼンは、けたたましい電話の音で眠りを破られた。ゾルゲが重傷を負って救急車で聖路加国際病院へ運ばれていくところだと聞くと、彼は不安におののいた。あわてて身支度をし、築地《つきじ》にあるその近代的な病院までフルスピードで車を走らせた。

ゾルゲの状態は惨澹《さんたん》たるものだった。意識は朦朧《もうろう》、口も満足にきけない。クラウゼンは、早朝に病院へ到着したときのもようを、後になって回想している。

ゾルゲは強靭《きょうじん》な精神力で、だれにも見せてはならない、英語で記された機密報告と大量のドル紙幣をコートのポケットから取り出し、わたくしに手渡しました。それで、ほっとしたように意識を失ったのです。(1)

クラウゼンは、受け取ったものを急いでしまうと、麻布《あざぶ》区永坂町にあったゾルゲの家へ駆けつけた。そこから不審を招くにちがいない書類すべてと、ゾルゲの日記を持ち出した。

彼は、間一髪のところで間に合った。明け方近く、ドイツ通信社東京支局長ルドルフ・ワイゼが到着し、記者仲間であるゾルゲの家を封鎖したのだ。クラウゼンは後から、自分たちが九死に一生を得たことを知って背筋の凍る思いだった。

もしワイゼが、わたくしより先に到着していたら、われわれの秘密活動は発覚していたことでしょう。それを考えると、わたくしはぞっとしました。もう一つ気がかりだったのは、わたくしのようなまったくの局外者が、そんな時刻にそこへ現れたのが奇妙に思われはしないかということでした。(2)

ゾルゲとクラウゼンが、ドイツ人クラブでいっしょに飲んでいる姿がときおり見かけられた。ゾルゲほど優秀なジャーナリストで知識人でもある人間が、なぜクラウゼンのような退屈で人付き合いの悪い商売人と交際するのだろう？　その理由を知る者はいなかった。ウラッハも、ゾルゲがあれだけ執拗《しつよう》にクラウゼンを呼んだわけがわからなかった。まさか、この二人がともにソヴィエト連邦へ忠誠を尽くす仲で、赤軍第四本部諜報部《ちょうほうぶ》の同志であるとは、誰一人考えてもみなかったのだ。

クラウゼンは身のすくむ思いだった。せっかく苦労して築きあげた諜報網が、ゾルゲのでたらめな行動で危うく壊滅するところだった。日本人は、至るところスパイだらけ、という妄想に取りつかれている。とりわけ外国人は、常に疑惑の的となっている。ゾルゲの手元にあった不審な文書がもし見つかりでもしたら、警察が目をつけるのはまちがいない。

クラウゼンは内心、自分の上司ゾルゲの失態に舌打ちした。それも無理からぬことだ。ゾルゲに対する彼の信頼感は、こうした立腹や不満の蓄積で次第に揺らいでいく。その朝のできごとも、まさしくその一例だった。だが同時に彼は、ゾルゲの強靱な精神力にも感服せずにいられなかった。ゾルゲはそれを、言語に絶する激痛の中で示したのである。

前歯をほとんど折り、顎《あご》と額にあれだけの重傷を負えば、普通の人間ならすぐに気絶してしまうだろう。だがゾルゲは、自分が来るまで必死で頑張った。彼は並の人間ではない、とクラウゼンは考えた。

翌十四日の土曜日、『ジャパン・アドバタイザー』紙の読者は、当時人気のあった〈ソシアル・アンド・ジェネラル〉欄で、次の記事を目にした。これは、皇室関連の報道のすぐ下に掲載されていた。

『ハンブルガー・フレムデンブラット』紙の東京特派員リヒアルト・ゾルゲ氏は、十三日早朝、オートバイ事故により聖路加国際病院に入院した。かなり重傷のもよう。

ゾルゲの愛人三宅《みやけ》花子は、ゾルゲのメイドからの電報で事故のことを知った。「ゾルゲ、ケガスル。スグコイ」花子は永坂町の家へ駆けつけた。だがメイドの話はさっぱり要領を得ず、彼女はタクシーを病院へ急がせた。病室へ一歩足を踏み入れた時、普段は明るく陽気な花子も、ショックで目の前がまっ暗になった。ゾルゲは見るも無残な様子をしていたのだ。顔は包帯でぐるぐる巻かれ、顎は砕け、左腕は三角巾《さんかくきん》で吊《つ》ってある。数十年後、花子は述べている。

それを見たとたん、わたしはわっと泣き出してしまいました。どうにも涙がとまりません。でも一生懸命自分を抑え、わたしがわかるかどうか訊《き》きました。彼はかすかにうなずきました。しばらく手を握ってあげ、それから、あしたまた来ますと言いました。わたしにできることは何もなかったのです。いっしょに泊まり、ベッドの横に付いていてあげたかったのですが、病院の規則でだめだと言われました。(3)

聖路加国際病院には、リノリウムのつや出しと消毒薬の匂《にお》いが漂っていた。来院者はそれだけで安心した気分になれる。当時の日本では、ここより進んだ医療設備を持つ病院はどこにもなかった。外国人は日本の病院を信用せず、ここで看《み》てもらうのが常だった。赤ん坊も、たいていここで取りあげられた。

病室のベッドわきの引き出しに聖書が入っており、それにアメリカの監督教会のマークが付いている。この病院は、監督教会の資金で建てられたものだ。だが、ゾルゲが聖書に救いを求めることは考えられなかった。彼はとうのむかしに一切の宗教を否定し、コミュニズム信者となっていたからである。とはいえその後の数週間、この筋金入りの無神論者は、キリスト教伝道用の医術を施され、クリスチャン式の看護を受けたのである。

ゾルゲの収容されたのは二階の個室であった。そこへたちまち、見舞い客が続々と押し寄せた。しかし彼の唇はひどく裂けてしまい、包帯が取れた後でも激しい痛みが引かず、彼らと言葉を交わすことはできなかった。

ドイツ大使館の外交官や書記官、ジャーナリスト仲間、ナチス東京支部員などが、ドイツの代表的新聞『フランクフルター・ツァイトゥング』の特派員の容体を気づかいベッドわきに顔を見せた(前記『ジャパン・アドバタイザー』紙の記事は、ゾルゲの所属先を誤って報じている)。ゾルゲは、大勢の者の尊敬と注目を集めている人間だった。一台の黒いリムジンが、ボンネットに鉤十字旗《かぎじゅうじき》をはためかせて、病院前庭におもむろに乗り入れた。乗っていたのは、ドイツ大使夫人ヘルマ・オット。ヘルマは背が高くすらりとしており、日本人の目にはすっくと伸びたカラマツのように見えた。まだ四十四歳だというのに髪は白くなりはじめていた。だが顔色は生き生きしている。彼女はひどく人目を引く存在だった。あるとき彼女は、夫からのゾルゲ宛《あ》ての激励電報を持参してきた。夫は前の月駐日大使に任命されたばかりで、そのときは、アドルフ・ヒトラー首相、ヨアヒム・フォン・リッベントロープ外相との赴任に伴う打ち合わせのためベルリンへ向かっていた。

オットが東京にいて事故の知らせを受けたら、何をおいても病院へかけつけたであろう。オットにとってゾルゲは、ただのジャーナリストではなかった。大使館で特別の地位を占め、自分の家族にとってもかけがえのない存在だった。

ヘルマはその後もまめに病院を訪れた。そのため、ドイツ人社会の世話人としての仕事はなおざりにしがちだった。

「そろそろ失礼します。病人が待っていますので」彼女は大勢のドイツ人を前に、そ

う言っていそいそと席を立つ。この過剰なまでの心づかいは、狭いドイツ人社会でかっこうの噂《うわさ》の種となった。（4）

ヘルマとゾルゲとのただならぬ関係は、すでに人々の口《くち》の端《は》にのぼっていた。確かに、二人が深い仲になっていたのは事実である。だがそれは、オットが大使に昇格したころにはすでに終っていた。ヘルマが懸命に愛を呼び戻そうとしても、ゾルゲからはもう何の反応もなかった。

ゾルゲを元気づけようとして来た人たちの中に、プリンツ・アルブレヒト・フォン・ウラッハもいた。事故の朝、まっ先に現場へ駆けつけた男だ。この二人は性格的に正反対であった。ヴュルテンベルク王室の末裔《まつえい》であるウラッハは、控え目でおっとりしており、見た目には活気に乏しい人間だった。もっとも三宅花子は、彼を品のよい貴公子と見ている。

一方ゾルゲは、独断的で強引、何ごとにも極端にのめりこみ、とりわけ酒と女には目がない人間だった。ウラッハは、ナチスの機関紙『フェルキシャー・ベオバハター』の通信員であった。彼はゾルゲを、型破りで実に愉快な男と見ていた。ゾルゲにとってこのドイツ貴族は、縁故者に恵まれドイツ外務省の裏の事情に通じている点で貴重な存在だった。

陸軍武官補エルヴィン・ショル少佐の訪問を、ゾルゲはことさら喜んだ。ショルは車で頻繁に病院を訪れた。彼には東京で、ゾルゲほど親しくしている人間が一人もいなかった。昭和十一年一月に来日した彼は、ゾルゲが自分と同じく一九一四年の暮れに、フランドルの学生部隊の一員だったことを知ってひどく喜んだ。塹壕《ざんごう》で生死をともにした人間の間には、余人にはわからぬ特別な親密感が生まれる。ショルは一も二もなくゾルゲに全幅の信頼を寄せ、重要情報をもたらした。それらはすべてモスクワへ送信された。

二人は、酒と女という共通の趣味で男の友情を深めていた。気晴らしと称し、何度となくどんちゃん騒ぎの夜もすごした。病院でショルは軍隊用語をまじえ、強いプロイセンなまりでいろいろなばか話をしては怪我人《けがにん》を元気づけた。

ゾルゲの入院中誰と誰が見舞いに来たのか、はっきりはわからない。だがその中に、ドイツ大使館付き海軍武官パウル・ヴェネカー大佐（後の海軍大将）がいたのはまちがいない。ヴェネカーはブロンドで青い目をした一本気な男で、ゾルゲに劣らぬ快楽主義者だった。噂では、当時二千軒ほどあった銀座のバーの一軒一軒を飲み歩いていたという。ゾルゲほど酒の強い人間はそう多くはなかったが、ヴェネカーはその数少ない一人であった。ゾルゲにとって彼は大使館における貴重な情報源で、重要な情報をいとも無造作に提供した。

ハンス＝オットー・メスナーは、大使館の若手三等書記官であった。彼がゾルゲを見舞ったのは、友情からというより義務感からだった。彼は昭和十一年に東京勤務となった。初め彼の目に映ったゾルゲは、「ドイツ人社会のなぞ」であり「神秘のヴェールに包まれた男」だった。しかしその後いろいろ見聞きするうち、その考えを修正した。彼はゾルゲを、「頭はよいが、ひどいうぬぼれ屋。快活で愉快ではあるが、ずぼらで山っけの多い男」と見なすようになった。

病院を訪れたメスナーは、ゾルゲが女に対し磁石のような吸引力を持っていることに舌をまいた。たまたまその日地震があった。建物が揺れると、看護婦三人がゾルゲの部屋へ駆けこんで彼におおいかぶさるようにし、天井や壁の崩れから彼の身を守ろうとした、とメスナーは書いている。(5)

やせて頭がはげ、丸い眼鏡をかけた男が二度ほど病院を訪れた。ブランコ・ド・ヴーケリッチ。三十二歳のユーゴスラヴィア人である。彼は諜報網の写真技師だったが、そのころは身元を隠すため、フランスの通信社『アヴァス』に勤めていた。あるとき彼は、『アヴァス』の東京支局長ロベール・ギランを病院へ連れて来た。

東京に来て日が浅いギランは、この『フランクフルター・ツァイトゥング』紙の記者に、しきりに会いたがっていた。ヴーケリッチが、彼のことをいつもべたほめしていたからだ。

「ゾルゲほど顔の広い男はいません。ドイツ大使のいちばんの親友なんです」ヴーキーは言った。ヴーキーとは、記者たちの間におけるヴーケリッチのニックネームである。

「大変な事故に遭いましてね。でも、いまはだいぶよくなっています。病院では、砕けた顎をみごとに手術しました。これから行きませんか？　会って話すにはよい機会です」(6)

マックス・クラウゼンも見舞いに来た。だが、妻のアンナは一度だけついてきただけである。アンナはでっぷりした母性的な女で、年齢は夫とほぼ同じ四十そこそこであった。一方夫は冴《さ》えないずんぐり型で、ときどきこずるそうに笑い、他人の顔色を窺《うかが》う人間だった。二人とも小太りで見栄《みば》えのしない、似たもの夫婦であった。ヨーロッパの町なかでよく見かけるタイプである。

アンナは堅苦しく厳格なしつけを受けていた。彼女の目にゾルゲは夫を惑わす悪友と映っており、この考えはこんどの無茶な酔っ払い事故でますます動かぬものとなった。

ゾルゲは病院にとめおかれている間も、決して手をこまねいてはいなかった。はじめの何日かこそめまいに悩まされたが、それがおさまると、包帯でぐるぐる巻きになったまま仕事を再開した。手元に届いた情報に目を通し、重要なものを選り分けてはモスクワの第四本部へ送信する。聖路加国際病院が、ソヴィエト諜報機関の活動に利用されたのは、前代未聞《みもん》のことであろう。

ショルの訪問はとりわけ重要だった。彼はベッドわきで、日本陸軍参謀本部にいる日本人の知人から仕入れた最新情報を、ゾルゲに知らせて助言を求めた。陸軍武官としての彼の任務の一つは、日本の軍事情勢をベルリン上層部へ報告することだった。この報告について、ショルはゾルゲの日本に関する深い知識を尊重し、いつも彼の判断をあおいだ。ときには怠慢にも、報告文の草稿を頼むことさえした。これは彼が、いかにゾルゲを信頼していたかの証拠である。

ゾルゲは病院でショルから得た情報を、ただちにモスクワへ送信した。送信は常に暗号で行った。秘密の漏洩《ろうえい》を恐れ、諜報網は独自の暗号を用意していたのだ。アルファベットを数字に置き換え、これを三五年版『ドイツ統計年鑑』を利用した乱数表を用いてさらに複雑にする、サイファー式換字法である。東京の諜報網で、この技術を駆使できるのはゾルゲだけだった。

ゾルゲは海外へ派遣されるにあたり、第四本部の専門家から暗号の作成方法を学び、それをすべて暗記していた。

クラウゼンは事故の起きた昭和十三年五月まで、自分がモールスで打電している電文の内容を理解できずにいた。それについて、ゾルゲはひとことも言わなかった。それが普通のやり方だった。無線送信者は、なまじ送信内容を知らない方が安全なのだ。

後年ゾルゲは、検事にこう述べている。

暗号の作成と解読方法は、諜報活動の責任者だけが知っている。そして彼は、この秘密を生命《いのち》がけで守ろうとする。だがあの事故の後、わたしにはその作業がうまくできなくなった。(7)

病院のベッドで横になりながら、ゾルゲは暗号技術をクラウゼンにおしえた方が好都合だと考えた。

それには慎重を期して、事前にモスクワの許可をあおいでいる。そのとき彼がどんな説明をしたのかは不明だが、赤軍第四本部はこれを許可した。

わたしの言うことを暗記せよ。メモをとってはならない。暗号を記した紙は、送信の後でかならず始末する。暗号を作成したという痕跡《こんせき》を残してはならない。(8)

このとき以来クラウゼンは、無線送信に加え暗号作成にもたずさわるようになる。無線技師の身で、往復する通信文を理解できるようになったのだ。これが後に致命的な結果を招き、ゾルゲは自分の判断ミスにほぞを噛《か》む思いをする。

オートバイ事故は、そのほかの後遺症ももたらした。顔がめちゃめちゃとなり、整形手術により恐ろしい形相となったことだ。さながら日本の寺でよく見かける、ライオンの彫刻であった(訳注。狛犬《こまいぬ》のこと)。さらに深刻なのは、神経をやられ恒常的な情緒不安定に陥ったことである。(9)

(1) みすず書房『現代史資料』(以下みすず書房、略)第三巻 五頁《ページ》
(2) 同 右
(3) 昭和五十一年、平成三年の二回にわたる、石井花子との面談。花子は事件当時は母方の姓「三宅《みやけ》」を名乗っていたが、後に父方の姓「石井」に変えた。
(4) フリードリッヒ・シーブルク "Der Spiegel"
(5) ハンス＝オットー・メスナー "The Man with Three Faces" この本のかなりの部分はフィクションであるため、多少とも割り引いて読まなければならない。
(6) 昭和五十一年のロベール・ギランとの面談。氏は病院までの道程、ゾルゲの病室の様子を覚えていた。もちろん現在の聖路加国際病院は改築されているので、それは改築以前の病院のことである。
(7) 大橋秀雄氏(訳注。当時の特高外事課の警部補。ゾルゲの取り調べにあたった)へのインタビューによる。『ゾルゲとの約束を果たす』参照。
(8) 同 右
(9) "Der Spiegel" 及びエタ・ヘーリッヒ＝シュナイダーへのインタビュー。

第一部

一　一八九六年六月――少年時代と第一次世界大戦

リヒアルト・ゾルゲが、生後八カ月のときの写真がある。これが現在残っているいちばん古いものだ。幼い男の子が、高い丸テーブルに両足を投げ出して坐《すわ》り、いかめしい顔でカメラの方をにらんでいる。さながら王子さまである。傍らで一人の婦人がかすかに笑みを浮かべ、男の子の小さな足の片方をつかんでいる。男の子がその高いテーブルから、下に坐っている四人の子どもの頭へ飛びおりはしないかと、気づかっているようだ。その中でひときわ背が高く、立派な顎《あご》ひげを生やして立っているのが父親である。片腕を腰にあてがい遠方を見つめている堂々とした物腰には、自分の社会的地位に対する満足感があふれている。

この家族写真は一八九六年六月に撮られた。一家は砂ぼこりの舞うアゼルバイジャンの中心都市で、カスピ海に面した港町バクー市中心街に近いサブンチの、アカシアの木を陽よけにした木造の大きな屋敷で暮らしていた。リヒアルトの父ウィルヘルムは、スウェーデンのノーベル社に高給で雇われた石油採掘技師だった。当時このカスピ海沿岸の油田地帯に群がった、外国人技師の一人である。

バクーは体が溶けてしまいそうなほど暑い。だがその暑さも、風通しのよいゾルゲ家の屋敷の中ならなんなくしのげた。外国人は、粗末なあばら家にひしめくイスラム教徒の現地人と異なり、植民地の統治者なみの豪勢な暮らしをしていた。

ここでは、リヒアルトの父のように腕のよい技師なら、二、三年で立派な家を持つだけの金をためることができた。現地人にとって、ドイツ人、スウェーデン人、アメリカ人、それにロシア人も含め、外国人はいずれも神を恐れぬ侵略者にほかならなかった。

このころの記憶は、おぼろげながら生涯ゾルゲの胸から消えなかった。彼が生まれた二年後に一家はベルリンへ移ったが、その異郷の地における束の間《つかのま》の滞在経験は、ドイツですごした少年時代に濃い影を投げかけた。

後にゾルゲは、次のように回想している。

わたしは世間の子どもとどこか違っていた。自分が南コーカサスで生まれ、まだ幼いうちにベルリンへ移って来た人間であるということが、いつも頭から離れなかったのだ。(1)

ベルリンで一家は、住み心地のよい中産階級の住宅街に落ちついた。父は銀行で要職につき、ロシアからのナフサ輸入の仕事を順調に進めていた。当時のドイツは平穏そのものだった。これはゾルゲの人生における、唯一《ゆいいつ》の落ちついて穏やかな時期だったといってよい。

『獄中手記』には、こう記されている。

第一次世界大戦が勃発《ぼっぱつ》するまで、わたしは比較的穏やかな少年時代を送った。その穏やかさは、ドイツの富裕なブルジョア家庭に共通していたもので、わたしの家では、経済的心配をしたことが一度もなかった。

しかし、感受性の強い少年リヒアルトは、自分の家が「ベルリンの一般的なブルジョア家庭と非常に異なっている」ことに気づき始める。

手記には詳しく記されていないが、この違和感が何に由来したかは容易に推測がつく。ゾルゲ一家は、隣人たちより広い視野を持っていた。カイゼル・ウィルヘルム治下のドイツ帝国の、向こうにある世界を見知っていたからだ。父は仕事のためにほとんど海外ですごしていた。母ニーナ・コベレフはロシア人だった。ゾルゲ自身も帝政ロシアの辺境で生まれていた。九人兄弟姉妹の末っ子だったゾルゲの回想。

ゾルゲ一家はいっぷう変わっていた。そのせいで、わたしも世間の目から見るとどこかおかしな子どもだった。それは、兄や姉たちについても言えることだった。

この違和感は、学校へ通い出してからことさら強く意識されるようになる。九歳であった一九〇五年のイースターから一四年の大戦勃発に至るまで、リヒアルトはリヒターフェルデ区で中・高等学校生活を送った。そこで生徒たちは、堅苦しく息のつまる校則と、カイゼル及び国家に対する忠誠心をたたきこまれた。このプロイセン流の押しつけ教育にリヒアルトは激しくいらだつ。彼の自立心に富む強い精神は、このころから早くもその兆《きざ》しを見せているのだ。

わたしは手のつけられない生徒だった。学校の規則は守らず、強情で、わがままで、ほとんど口をきかなかった。

教師たちも、この反抗的な生徒にはしばしば激怒したことだろう。何しろこの生徒が口を開くのは、教師を批判するときだけだったのだから。しかし、彼は興味のある学科には熱中した。

体育はもとより、歴史、文学、哲学、政治学では、わたしはほかの生徒にぬきんでていた。でも、その他の学科では平均以下だった。

この回想には特別の思いがこめられている。四十六歳になったゾルゲは、日本の拘置所でこれをタイプしながら、体の丈夫だった自分の少年時代を強調しているのだ。ある尋問の際には、オリンピックを目ざして競歩、走り幅跳び、走り高跳びのトレーニングをしたことを述べている。十六、七歳のころのことらしい。

これは、すでに走ることも跳ぶことも不可能となった男の告白である。彼は、第一次大戦で膝《ひざ》に負傷するまでは運動神経抜群だった自分のことを、取調べ官に語りたかったのだ。

十五歳のころ、ドイツ文学のとりことなる。ゲーテやシラーに没頭し、「わからないながらも、哲学史やカント哲学と取り組んだ」。シラーの劇はまさに天啓のごとく作用した。『ルイーゼ・ミレリン』『ドン・カルロス』『群盗』等は、それまでにも無数の若者の社会的関心を目覚めさせていた。激情的な〈疾風怒濤《シュトウルム・ウント・ドラング》〉時代のシラー劇は、フランス革命の再現となって若いゾルゲの想像力をかきたてた！　しかし、中でも彼は『群盗』に心を奪われた。この作品の主人公カール・モールは、正当な手段では社会の不正を浄化できないと知るや、犯罪者つまり暗殺団の首領となる。

このテーマは思春期のゾルゲに強力に訴え、生涯心の底に焼きついた。悪に対するに、ときには悪をもって報いることも正当化される。不正を正すには、個人の正義感と肉体の犠牲が必要となる。だがリヒアルトは、シラーの結論をどう受けとめたのだろう？　カール・モールは、最後にはロビン・フッドであることをやめ、牧師に自首して出る。そして、自分個人の意志を超えた徳の力を認めるのだ。

若いゾルゲは、自分をとりまく社会にも強い関心を抱き、新聞をむさぼり読んでは政治情勢の動きを見つめ続けた。

ドイツの当面する問題について、わたしの方がそこらの大人より詳しかった。学校でわたしは〈首相〉と呼ばれていた。

この点でリヒアルトを最初に開眼させたのは、祖父フリードリッヒ・アドルフ・ゾルゲである。フリードリッヒ・アドルフは革命家の草わけ的存在で、カール・マルクスの親しい同志だった。『獄中手記』には、こう記してある。

わたしは祖父が、労働運動に一生を捧《ささ》げた人であることをよく知っていた。

実際には、フリードリッヒ・アドルフは祖父ではなく大おじだった。だが、ゾルゲ家に出たこのすぐれた人物とリヒアルトとの関係は、もう一つはっきりしない。彼はアメリカの労働者階級の間で不屈のオルグ活動を行い、一九〇六年にアメリカで没した。保守的な父は顔をしかめていたが、リヒアルトはフリードリッヒ・アドルフの書いた多くの論文や雑誌の記事をむさぼり読んだ。

父はまぎれもない国粋主義者であり皇帝崇拝者であった。そして、外国で働いて蓄えた財産と自分の社会的地位に、何よりも誇りを抱いていた。

リヒアルトは、青年行動隊《ユーゲント・ベーヴェグング》のメンバーとなって無心に森を歩き、偉人なるドイツ国民の純粋性を称《たた》える歌をうたった。彼は時代とともに汎《はん》ドイツ主義の理想を共有する、真の愛国者であった。だが第一次世界大戦が勃発し、学生生活と平穏な日常生活に突然ピリオドが打たれるまで、独自の政治的立場は確立できずにいた。

一九一四年八月、カイゼル・ウィルヘルム二世が帝政ロシアに宣戦を布告する。ときにゾルゲは十八歳であった。ちょうど夏休みで、友人とスウェーデン旅行をしていたところへこの知らせが届いた。急いで最後の船をつかまえて帰ると、駅は召集された兵士でごったがえしていた。

愛国の熱気が国中にあふれ、若者は本を投げ捨てて銃を取った。当時のドイツのある若手作家は、戦争は「浄化作用」であり、「人生に新鮮な息吹《いぶき》を吹きこむもの」と書いた。それはまさに、そのときのゾルゲの気持ちにほかならなかった。

軍隊経験もないやつは一人前の男ではない。そんな言葉を、彼は当然のこととして鵜呑《うの》みにしていた。どこの学校でも、校長が率先して自分の学校から一人でも多く志願兵を出すよう競い合った。だが、血気にはやるリヒアルトについては、何ら説得の必要はなかった。

リヒアルトは一人で入隊手続きを済ませ、後からそれを母に告げた。ニーナは温かく愛情深い母親だった。彼女にとって、この末息子は可愛《かわい》くてならぬ自慢の種だった。その息子から、徴兵に応じたという知らせを聞いたときのニーナの驚きは想像に難くない。

熱烈な皇帝崇拝者であった父がこれを知ったら、きっと大喜びしたことだろう。だが彼は、わが子の晴れ姿を見ることができなかった。一九一一年、彼は家族に潤沢な財産を残してこの世を去っていた。享年《きようねん》五十九。残念ながらゾルゲは、父との関係については何一つ書き残していない。しかし彼は、大ビスマルクによるドイツの戦勝と皇帝擁立（訳注。一八七〇年の普仏戦争と、ウィルヘルム一世の皇帝即位を指す）に対する父の熱狂ぶりに、多分に影響されていたふしがある。(2)

彼の軍隊生活の記録には、後年の運命を暗示する兆しが見てとれる。血気盛んなこの若者は、喧嘩《けんか》騒ぎをし、身の危険をかえりみぬ行動をとり、ブルジョア社会のぬるま湯から一刻も早く抜け出そうとあがいていた。

わたしが入隊の決心をしたのは、新しい体験をし、学校から解放され、十八歳の自分には無意味としか言いようのない生活から逃れたいという、やむにやまれぬ欲求からだった。それに、戦争がもたらした一般的高揚感が背景にあった。

八月十一日に入隊したリヒアルトは、すぐに基礎訓練を受けたが、それは「まったくいいかげんなもの」だった。やがて第三近衛《このえ》野砲連隊の学生部隊に配属され、九月の終りに前線へ送られる。十九歳の誕生日はフランドルのイゼール河畔の戦場で迎えた。十一月十一日、初めて砲火の洗礼を受ける。ドイツ学生部隊は、フランス・ベルギー連合軍の陣地への突撃命令を受けて密集隊形で進軍した。そのとき、連合軍による機銃の一斉掃射を浴びたのだ。何千という学生が、愛国の歌をうたいながら死んでいった。

あれは、〈教室から戦場へ〉あるいは〈学校の椅子《いす》から処刑台へ〉の時代、と言うべきものだ。

後にゾルゲは苦々しげにこう述べている。無垢《むく》の学生志願兵が、プロイセンの陸軍大臣エーリッヒ・フォン・ファーケンハイン大将の命令一つで、銃砲の餌食《えじき》とされたことを思い返していたのである。

写真で見ると、当時のゾルゲは驚くほど若い。窪《くぼ》んだ目と大きな彫りの深い顔。その中でひときわ力強さを示す、厚い唇と強く張った顎。生来の精悍《せいかん》な容貌《ようぼう》は、軍服によりいっそう引き立っている。最悪の事態はまだその姿を見せてはいなかった。

フランドルの泥まみれの塹壕《ざんごう》で、ゾルゲは戦争の無意味さを感じ始める。この同じ国土で、一世紀の間戦争が繰り返されてきた。それには常にもっともな理由がついていたが、その理由を覚えている者など一人もいない。戦争により、一体誰が恩恵をこうむるのか？

仲間の兵士たちは無邪気なもので、他国の併合や占領など誰一人望んではいなかった。自分たちが何のためにこんな苦労をしているのか、戦争の真の目的は何かを、理解している者もいなかった。まして、その裏に隠れた意図については言うまでもない。

兵士の大半は、中年の労働者と職人だった。ほとんどが労働組合に加入していたが、それは保守的な社会民主党系の組合であった。その中に一人だけ、革新的な左翼思想の持ち主がいた。ハンブルク出身の老石工である。彼は自分の政治的信条については、かたく口を閉ざしていた。

わたしは彼と親しくなった。彼はハンブルクにおける生活や、迫害と失業の経験について語った。この男は、わたしが初めて出会った反戦主義者である。だが、一五年初めの戦闘で戦死した。

その年の夏の初め、ゾルゲはベルギー軍の銃弾を受けて負傷しベルリンの陸軍病院へ収容される。やがて、傷も癒《い》えて静養期に入ると学問に打ちこみ、時間をみつけてはベルリン大学医学部の授業を聴講した。

祖国への帰還は、彼の絶望をつのらせただけだった。物資の欠乏で悪徳商人がはびこり、闇市《やみいち》が繁盛《はんじょう》していた。貧しい者には、家族を養う食糧も手に入らない。男たちはいずれも、高貴なる理想のもとに戦場へおもむいたはずだ。よきヨーロッパの実現と、その中でドイツが相応の地位を占めるという理想である。それが、目の前にあるのは、欲望と物質主義と退廃でしかなかった。

彼はまた、戦争を起こしたドイツの動機にも疑問を抱き始める。真の動機は、自国領土を拡張しヨーロッパを支配することだけではないのか？　だが彼は、こうした迷いを振り払い、静養期間はまだ残っていたのに再び戦場へおもむく。もう一度、激しい戦火に身を投じずにはいられなかったのだ。

こんどは東部戦線へ送られた。そこでまた右脚を負傷し、その手当てのためベルリンへ送還された。

入院中ふたたび書物に取り組み、卒業試験を受けた。ベルリン王立試験委員会(the Royal Examination Commission)の卒業証書は、一六年一月十九日付けとなっている。成績表によると、ドイツ語、フランス語、英語、宗教は〈優秀〉、歴史、地理、数学、薬学、化学は〈優良〉であるが、彼の得意だった体育の成績欄はブランクとなっている。負傷のせいで、実技試験が受けられなかったのだ。

さらに、最初の入隊以来昇進した記録も残っている。「第四三連隊予備役の砲兵下士官とする」

二度目の帰還で目にしたのは、日に日に悪化する銃後の祖国の様相だった。ドイツの勝利を確信していた国民の声は、次第に先細りとなっていた。経済は破綻《はたん》し、戦争に夫を奪われた女たちの飢えに追われる姿が至るところで目についた。ベルリンにおける中産階級の没落は歴然たる事実だった。ブルジョアの生活はプロレタリアなみの水準に転落し、それに目をそむけるようにゲルマン精神の優越神話が生まれていた。その「〈ゲルマン精神〉なるものの無知で傲慢《ごうまん》な代表者」に、ゾルゲは激しい嫌悪《けんお》を抱く。

ヨーロッパの繁栄と統合のための戦争という美辞麗句は、いよいよ空疎なものとなった。ドイツはおろかイギリスもフランスも、世界を改革するためのいかなる思想も方針も持ち合わせてはいなかった。これに気づいて、ゾルゲは愕然《がくぜん》とする。

そのとき以来、戦争となると決まって鼓吹される精神主義や理想主義に、わたしは取り合わなくなった。それは、どの民族が口にしたものであれ同じだった。

ベルリンにおける静養期間に見聞きしたことで、彼は自分の成育基盤である中産階級の意味と、生命を賭《か》けるに値すると信じていた愛国の理想の再検討を迫られた。それにもかかわらず彼は三度目の出征をする。すべては、燃焼できるものを求めてやまぬ彼の性格のなせるわざだ。こうして一六年春、再び東部戦線部隊に合流した。

異国の地で戦う方が、故国で悶々《もんもん》としているよりはましだった。

仲間の兵士たちの士気は低下していた。多くの者が戦争の無意味さに気づき、政治的、社会的変革を求めていた。

こうした自覚は、次第に、この泥沼を脱するには暴力的ともいえる政治変革しかない、という考えにかたまり始めた。

ミンスクの防御線で戦闘が小康状態を保っていたとき、革命的左翼主義者の兵士たちと出会う。彼らはこの戦争ばかりでなく、ヨーロッパで何度も繰り返されてきた戦争に、根本的に終止符を打つ思想を説いた。

わたしは相も変わらず、そうした議論に耳を傾け二、三の質問をするだけだった。

そのころのわたしには、何の確信も知識も決意もなかった。だが、いつまでもどっちつかずではいられない。明確な態度をとるときが迫っていた。

そんな折り三度目の負傷をした。こんどはひどい重傷で、散弾の破片がいくつか脚に刺さり、そのうちの二つにより骨が砕けた。

彼は、当時東プロイセン領となっていたケーニヒスベルクの野戦病院で手術を受けた。そこで出会った若い看護婦に、新たな世界への目を開かれる。彼女も医師であるその父親も、急進的な社会主義者であった。二人は喜んでこの若い兵士の面倒をみた。

二人によってわたしは初めて、ドイツにおける革命運動の詳しい実情を学んだ。レーニンの名を知ったのもそのときである。

この若い看護婦について詳しいことはわからない。だが彼女は、包帯を替え傷口を洗いながら社会主義理論を説いてきかせた。よりよくより正しい社会の姿を描き出し、そこへの到達方法を語った。マルクス、エンゲルス、カント、ショーペンハウアー等が、ゾルゲのベッドわきに積まれるようになる。看護婦は彼の知的好奇心を刺激し、経済、歴史、美術など、自分がよいと思う本を〈処方〉した。この教育は、たびたびの手術によって中断されながらも、数カ月間続いた。ゾルゲにとって、肉体的苦痛が極限に達したこの時期が、精神への最高の恵みの時期であった。

大変な手術を受け激痛に耐えるその一方で、わたしは生まれて初めての愉悦感に浸っていた。

ケーニヒスベルクで会った、「教養のある知的な看護婦」からこうむった恩恵を、彼は生涯忘れなかった。

学習したいという強い欲求は、あのとき培《つちか》われた。その気持ちは、いまでもときどきよみがえる。

医師の適切な処置で、彼の脚は切断されずに済んだものの、片脚がもういっぽうより二センチほど短くなってしまった。もう二度と正常な歩行はできない。ときどき襲う激痛の発作は、後々まで消えることなく続いた。しかし、障害者によく見られることだが、彼はそれ以来、正常で元気な人間以上に元気になろうと必死の努力をした。

後年諜《ちょう》報《ほう》活動にたずさわったとき、彼はこのハンディを逆手に取った。戦時中彼は、「勇敢なる行為に対し」二等鉄十字章を授与されていた。だがこの負傷は、勲章以上の勇気の証《あか》しとなった。酔うと彼は、ズボンをまくりあげて傷跡を人に見せた。それは愛国心のれっきとした証拠であり、このおかげで彼は、あの塹壕から生き残った人間たちと結びつくことができたのだ。祖国のために犠牲となった証拠を突きつけられ、ドイツ人高官のほとんどがいとも簡単に秘密情報を提供したのである。

戦場へ戻れなくなったゾルゲは書物に戻った。もう彼の中で、子どもじみた戦闘への情熱は消えていた。

一七年の夏から冬にかけ、この大戦は無意味であり、すべてを荒廃させるだけだと痛切に感ずるようになった。両陣営それぞれで、すでに何百万という戦死者が出ている。この先どれだけの者が同じ運命をたどるのか、誰にも見通すことはできなかった。

ケーニヒスベルクで会った看護婦のおかげで彼の政治意識は研ぎすまされ、それは次第に一個の思想として形を整え始める。やがてベルリン大学で学問を再開するが、所属は医学部から政治経済学部に変わった。社会主義理論の中に、社会悪を治癒《ちゆ》する回答を見出《みいだ》そうとしたのだ。ドイツの情勢は大きく変動していた。巨大経済機構は麻《ま》痺《ひ》状態、資本主義は崩壊寸前、貧困と物資の欠乏は目をおおうばかりだった。

わたしはそのことを、無数のプロレタリアとともに、わたしたちを取りまく飢餓と慢性的な食糧不足の中に感じとった。

事態はブルジョアにとっても変わりなかった。ゾルゲの実家では、極端なインフレのためせっかくの父の遺産も石ころ同然となってしまった。ニーナは、中産階級の集中するリヒターフェルデ区の快適な家をついに手放さざるを得なくなり、ベルリンの一角にある住みごこちの悪い賃貸アパートに引っ越した。

これまでの経験を通し、ゾルゲの胸に戦争への憎悪が焼き付いた。それは生涯にわたり消えることがなかった。この気持ちはたびたびの悪夢をくぐり抜け、またドイツ帝国の大瓦解《がかい》を目撃することで確信にまで高まった。

一九一四年から一八年にわたる世界大戦は、わたしの人生に多大な影響を及ぼした。むろんほかにもいくつか要因はあったにせよ、あの大戦だけでもわたしがコミュニストとなるのに十分な契機であった。

（1）この章の引用文は、逮捕後にゾルゲが認《したた》めた供述書から取っている。（『現代史資料』第一巻を参照されたい）

（2）ゾルゲは父の死を一九一一年と述べている。ユリウス・マーダーは、一九〇七年十二月一日と記している。そして一八六七年四月十二日を、母ニーナの誕生日としている。（ユリウス・マーダー "Dr. Sorge funkt aus Tokyo" を参照）

二 一九一七年十一月——研究生活と革命的実践と

一九一七年十一月、ロシアでボルシェヴィキ革命が勃発《ぼっぱつ》して世界を震撼《しんかん》させた。ときにゾルゲは二十二歳であった。新たな精神的支柱を模索していたこの青年は、この革命に激しい衝撃を受ける。後年彼は書いている。長い世界労働運動史上でも、労働者が搾取《さくしゅ》の鎖を断ち迫害する者を打倒したのは前代未聞《みもん》の事件だった、と。全人類が待ち望んでいた社会悪の浄化と、貧困、不平等、不正に冒された世界の根本的治療とは、このことではなかったのか？ ゾルゲは、「心の底から動転した」。ロシア革命は、彼の人生に一大転機をもたらした。それを通して、彼は世界各国の労働運動がどうあるべきかを学んだ。同時にドイツ革命の実現のため、自分も一身を投げ出さなければならないと痛感した。

革命運動を理論的、思想的に支持するだけでなく、自分もその一員となる決心を

した。(1)

一九一八年に除隊して、彼は自分の信念を実行に移した。その年の初め、ベルリン大学からキール大学へ転校すると、そこで多くの革命家にまじって最初の秘密活動に従事する。同年十月ドイツ水兵の反乱事件が発生し、革命の気運は最高潮に達した。ゾルゲはキール軍港へ足しげく通い、水兵たちにひそかにビラを配布した。そして彼らに、専制的な資本家階級と果敢な闘争を展開している労働者との連帯を呼びかけた。

わたしは水兵や軍港労働者に社会主義の秘密講義をした。

そんな折り、キール大学の経済学部教授クルト・ゲルラッハの目にとまる。教授は自宅へ大勢の若者を招き、夫人のクリスチアーネとともに定期的に時事問題サロンを開いていた。クリスチアーネは、ゾルゲとの出会いの様子をこう記している。

夫は長いことイギリスで暮らし、ドイツ革命の思想に共鳴しておりました。一九一八年秋の暮れと一九年冬のことです！ 画家はニューアートを論じ、詩人は旧《ふる》い様式を次々と破壊している時代でした。夫が招いた方たちの中に、一人のもの静かな学生が坐《すわ》っておりました。それがリヒアルト・ゾルゲでした。バクー生まれで、父はドイツ人、母はロシア人の、富裕な家の出ということでした。

彼は戦争に参加し、鉄砲で膝《ひざ》を撃たれ歩くのが不自由でした。でも教室や研究室では、このサロンにおけるほどおとなしくはなかったようです。まもなく、夫が彼に人一倍目をかけていることがわかりました。二人の親交が深まりました。わたしたちはゾルゲのことを、イーカという愛称で呼んでおりました。アーヘンの技術専門学校へ移るとき、夫は彼を助手として連れて行きました。(2)

イーカには、ほかの者にはない何かがあった。とりわけクリスチアーネが惹《ひ》きつけられたのは、彼の「独特の顔つき」と大きく澄んだ目であった。その目はいつも、どこか遠くを眺めていた。

彼の澄んだ鋭い目には計りしれない深みがあり、そこに孤独感が宿っていました。そう感じたのは、わたしだけではないと思います。

ゾルゲにとって、このころの数年間は激動の時代だった。まずハンブルク大学で、数カ月間生活協同組合に関する論文と取り組み、八月に優秀な成績《ミット・アウスツァイヒヌング》で政治学の博士号を得る。その後、学生の間に社会主義グループを組織するため、再び秘密活動に従事する。やがてゲルラッハの招きに応じてアーヘンへ移り、技術専門学校の講師助手となる。同年十月十五日、ドイツ共産党へ入党する。

功名にはやる彼は、ひどく骨の折れる党活動を引き受けた。労働者に共産主義教育を施すため、アーヘン近郊の鉱山で坑夫となったのだ。そしてラインラント工業地帯のあちこちの炭鉱地区をまわり、党細胞をいくつか組織した。これは苦しく危険な仕事だった。とりわけ難儀したのは、戦争で受けた傷でたびたび激痛の発作に襲われたことだ。これについて、『獄中手記』にはこう記してある。

でも、わたしは後悔しなかった。坑夫としての経験は、戦争体験にまさるとも劣らぬ貴重なものだった。そしてこの新たな活動形態は、党にとっても有意義であった。（3）

二〇年三月、ドイツ軍部による政権奪取を目ざしたクーデターが発生する。コミュニストは、ゼネストでこれに対抗した。ゾルゲは、アーヘンのストライキ委員会委員となった。また、ルールの武装蜂起《ほうき》委員会のメンバーでもあった。それは〈反革命分子〉との激しい市街戦に臨む、意気盛んな若手党員の決起部隊であった。

友人の話では、ゾルゲは「喧嘩《けんか》を傍観してはいられない」人間だった。(4)

当時のゾルゲを知る者は、彼はきわめて好戦的な人間だった、と述べている。反動派との格闘でできた傷を、得意げに見せびらかしたりもしていたようだ。しかし『獄中手記』においては、この動乱期の暴力沙汰《ざた》のことはぼかしてある。適当に間引きし、断片的な記述をして、取調べ官を混乱させるように書いているのだ。

二〇年代のゾルゲを知る者によると、この奔放な青年はおよそ「結婚には向かない」人間だった。クリスチアーネ・ゲルラッハとの悲しい結末は、それが事実であることを示している。

一九年、ゾルゲはアーヘンのゲルラッハ邸に突然現れた。ある晩玄関のベルが鳴り、ドアを開けたクリスチアーネは来訪者が誰かを知った。

表に立っていたのはイーカでした。思わずわたしの体を、稲妻が走り抜けました。その瞬間、わたしの中で何かがはじけたのです。その感覚はいまも胸によどんでおりますが、それは危険で、底深く、逃れようのないものでした。

イーカは決して人に無理強いはいたしませんでした。自分から言い寄る必要がなかったのです。男も女も、みんなが彼に走り寄ったのですから。彼は人を惹きつける、目に見えない魔力でも持っていたのではないでしょうか？（5）

ゲルラッハは事情を察して自ら身を引いた。ゾルゲは若く、人を惹きつけ、どこか憎めないところがあった。いろいろな資料から察するに、女は彼に抵抗できず、男は彼を憎むことができなかったようだ。ゲルラッハ夫妻は円満に離婚し、ゾルゲとクリスチアーネは二一年五月に結婚する。

しかし実をいうと、彼は〈結婚〉するつもりはなかった。結婚登録などせずに、クリスチアーネと暮らそうと考えていたのだ。もちろん、彼女をだましたわけではない。結婚はブルジョアの呪《のろ》いの儀式、というのが彼の持論だった。ぼくらは新時代の社会主義者だ。結婚の誓約書なんてくそくらえ。

これは確かに事実だった。だが彼がクリスチアーネに縛られるのを拒否したのは、それだけの理由からではない。自由を享受《きょうじゅ》し、「何ものにも束縛されない放浪者」でいたかったためだ。このことは、一九年十月二十九日付けの親友エーリッヒ・コレンシュ宛《あ》ての手紙ではっきり述べている。

どんな形であれ、むろん精神的にも、ぼくは人に縛られて暮らしたくはない。それが真実に生きることだと思う。お定まりの生き方なんてまっぴらだ。型にはまらず、寝ぐらも定めず、路傍に起き伏しする。それがぼくの夢さ。

二〇年二月、ゾルゲとクリスチアーネはゾーリンゲンで生活を始める。そこで彼は、共産党が発行する『坑夫の声』という新聞に記事を書いた。官憲はたちまちこれに目をつけ、彼を追放する口実を探し始めた。クリスチアーネとの〈同棲生活《どうせい》〉は、かっこうの口実だった。二一年四月十九日、ゾルゲはこの苦境をコレンシュに手紙で訴えている。

警察はもちろん、ぼくをゾーリンゲンから追放したがっている。だがその口実が見つからない。それで今度のことを、スキャンダルにでっちあげようとしてるんだ。

ブルジョアにとっては、単なる同棲生活は十分スキャンダルの種となるからね。二人とも気は進まないけど、いずれ苦い選択をしなけりゃならないだろう。（6）

二二年、フランクフルトに正式に結婚した二人がいた。ゲルラッハは恨み一つ抱かず、ゾルゲに職を斡旋《あっせん》した。それは自分が創設に力を貸した、社会経済研究所の仕事であった。

このころのゾルゲについて、次のような記述がある。

イーカは背が高く、体格もよく、髪がふさふさし、とてもしっかりしていた。血色こそ悪いが、顔には人を惹きつけてやまない力があった。額が高くぐっと張り、そのせいで目は窪《くぼ》んで見えた。（7）

ドイツ共産党が非合法化された時期（訳注。一九二三年十月、共産党はシュトレーゼマン連立内閣により非合法に追いこまれた）を含む二年間、彼は党フランクフルト支部で、ベルリン中央委員会との連絡係という要職についた。中央から届く活動資金の管理と広報資料の整理を行ったのだ。幹部の信任が厚かった証拠である。

二四年四月、フランクフルトで第九回ドイツ共産党大会が開かれた。そこにコミンテルン代表として数名の要人が参加した。ドミトリー・マヌイルスキー、ソロモン・ロゾフスキーといった面々である。そのときゾルゲは、彼らの護衛役を命じられた。ゾルゲは、彼一流の律義《りちぎ》で細心な応対でロシア要人の安全と便宜を図るのみならず、市内における自由時間の身辺警護も行った。

ある日ゾルゲは、彼らを自宅へ招待した。クリスチアーネは、古美術や近代絵画や貴重な古典絵画で、上品に部屋を飾りつけた。(8)

だが、ロシアのいなか者の振る舞いにクリスチアーネは決してよい印象を抱かなかった。

あのときのことはよく覚えています。お客さまは、わたしのビロードのソファでピーナッツをお食べになっていました。ピーナッツは、自分たちでお持ちになったものです。どなたも無造作に、皮をじゅうたんに投げ捨てておいででした。(9)

しかしロシア人たちは十分満足した。訪問の終りごろには、人をそらさず有能なこの若者を、是非ソヴィエトで使いたいと考えるようになっていた。

大会の終了に際し、わたしはモスクワのコミンテルン本部で働くよう頼まれた。(10)

もちろんゾルゲは、これら大物革命家が自分の能力を認めてくれたことを喜んだ。それでドイツ共産党での当面のスケジュールが終了ししだい、モスクワへ行きたいと申し出た。

二三年十月二十三日、ゾルゲが成功を信じかつ切望したドイツ革命は失敗に帰し、革命の波はすっかり引いてしまった。彼は絶望し新たな活動舞台を模索していた。

二十四年十月のある早朝、ゾルゲ夫妻は国境を越えてロシアに潜入した。だが、そこでクリスチアーネの目にした光景は、彼女の心を決して高揚させなかった。彼女は書いている。

ロシアの第一印象は、このうえなく陰鬱《いんうつ》なものでした!(11)

(1)『現代史資料』第一巻 二二八頁《ページ》
(2)クリスチアーネ・ゾルゲ "Die Weltwoche"(一九六四年十一月十一日)
(3)『現代史資料』第一巻 二三〇頁
(4)エリザベート・ポレツキー "Our Own People"
(5)クリスチアーネ・ゾルゲ "Die Weltwoche"
(6)ユリウス・マーダー "Dr. Sorge funkt aus Tokyo"
(7)エリザベート・ポレツキー "Our Own People"
(8)ヘーデ・マシング "This Deception"
(9)クリスチアーネ・ゾルゲ "Die Weltwoche"
(10)ゾルゲ回想録(訳注。『獄中手記』)
(11)クリスチアーネ・ゾルゲ "Die Weltwoche"

三　一九二四年十月――コミンテルンの一員として

モスクワ市民は貧困に打ちひしがれ、一様に恐怖に怯《おび》えていた。その光景は、まさに陰鬱《いんうつ》そのものだった。「ロシアでは、市民が互いに互いをスパイ視している。一人残らず監視を受け、身の安全は保証されていない」(1)。これは一九二一年に、ロシア革命に共鳴している人間が記した言葉だ。

だがゾルゲには、この惨状が目に入らなかった。入ったとしても、資本主義国からの多くの左翼の訪問者と同じく、おめでたい型どおりの釈明をするだけだった。革命が起きてから日が浅いのだからやむを得ない。友人の言葉を借りれば、何ごとも「シロかクロかでしか見ない」彼は、労働者のパラダイスに対する批判に我慢ならなかったのだ。

彼は意気揚々としてコミンテルン本部へ向かった。コミンテルンは革命を世界に伝《でん》播《ぱ》させるため、一九一九年レーニンによって創設された機関である。ゾルゲは国際連帯本部（ＯＭＳ）に配属された。『獄中手記』においてそこは、〈コミンテルン諜報《ちようほう》部《ぶ》〉と呼ばれている。

ゾルゲに与えられた任務は、公開資料とコミンテルン諜報員の収集した情報を照合検討し、ドイツ及びその他諸国の労働運動と政治経済情勢を分析することだった。その結果は極秘資料として、モスクワの幹部だけに報告された。フィンランド共産党員でコミンテルン執行委員のオットー・クーシネン、ＯＭＳ部長オシップ・ピアトニツキー、党中央委員ドミトリー・マヌイルスキーといった面々である。だがその他の報告で、コミンテルンの機関紙や党の理論誌に掲載されたものもある。ゾルゲのペンネームは、〈Ｒ・ゾンター〉または〈Ｉ・Ｋ・ゾルゲ〉だった。

ゾルゲとクリスチアーネは、ラックスホテルに落ちついた。そこはコミンテルン要人や、各国の共産主義者、労働組合幹部の常設逗留《とうりゆう》所であった。逗留者はいずれも、秘密警察の監視下に置かれていた。ソヴィエト政府は国外の同志を信用せず、彼らの言動をたえず詮索《せんさく》していたのだ。（２）

ロシアにおける社会生活はきわめて制限されていた。ゾルゲ夫妻は、毎週ドイツ人クラブへ出向いた。そこにはドイツの本が何冊か置いてあったが、そのほかに楽しみといえるものは何もなかった。クリスチアーネの見たドイツ人クラブは、ひどく気の滅入《めい》る場所だった。だが、やがてゾルゲが世話人となると、クラブはずいぶん活気づいた。彼はすぐれたオルガナイザーだった。その成果として、二六年四月、モスクワ在住のドイツ人児童による少年団（ピオニール）を結成したことがあげられる。

ゾルゲは、いっしょに暮らすのが非常にむずかしい人間だ、とクリスチアーネは気づき始める。彼の内奥《ないおう》の深いところには、他人の立ち入り禁止区域があった。クリスチアーネは、彼が自分を愛していると承知しつつも、自分がいなければいないで彼は一人で生きていけるのではないか、という不安にさいなまれた。後にクリスチアーネはこう言っている。

　彼の心の中に踏み入ることは、誰にもできませんでした。それだけ彼は、自立心に富む強い人間だったのです。彼が人々の中心的存在になれたのも、そのせいにちがいありません。（3）

夏の休暇を、二人はめいめい勝手なことをしてすごした。これはよい息ぬきとなった。ゾルゲは、当時アゼルバイジャン社会主義共和国の首都となっていたバクーへ旅し、自分の生まれ故郷を訪問した。そのころ生家は、傷病者の保養所となっていた。このベランダの前の立派なアカシアは、三十年以上もむかし、あんたが生まれたころにもこうして陽よけになっていたんですよ、と近所の人たちが話してくれた。やがて黒海沿岸の避暑地ソーチへ向かい、そこで女性の友人と休暇をすごしていたクリスチアーネと落ち合った。

しかし、二人の結婚生活は急速にひび割れ始めた。ゾルゲが行く先も告げず、彼女を一人ホテルに置き去りにして出かける夜が増えた。

わたしはひどい不安に陥りました。二人の歩む道は、二人が出会ったのと同じ運命の力で、こんどは次第に離れればなれになっていくことをはっきり感じたのです。

(4)

モスクワの孤独で味気ない生活に、彼女は耐えられなくなった。国へ戻った方がよいのではなかろうか？　そう訊《き》いた彼女に、ゾルゲはこう答えた。好きにしたらいい。彼は彼女を束縛したくなかったし、自分も束縛されたくなかったのだ。

別離のときがきた。二六年秋、凍えるようなモスクワ駅の深夜のプラットホームでのことだ。このときの様子は、後々まで彼女の胸に深く刻みついた。

わたしたちは、すぐにまた会えるとでもいうように振る舞っておりました。でも列車が動き出すと、わたしはあふれ出る涙をとめようがありませんでした。それが二人の生活の終りであることが、わたしにはわかっておりました。その点では、彼も同じだったと思います。(5)

変化を求め、野心満々のゾルゲは、オフィスに坐《すわ》っていることが次第に耐えがたくなった。彼は冒険に憧《あこが》れていた。そのチャンスは翌年にやってきた。スカンディナヴィア諸国への派遣指令を受けたのだ。これを皮切りに、彼はその後ヨーロッパ各国を転々として視察するようになる。これは興味津々《しんしん》たる任務だった。コミンテルン傘下《さんか》の各国共産党の組織活動を支援すること、それら諸国の労働組合に対するコミュニストの影響力を報告すること、訪問国の政治経済情勢を分析すること等がその目的であった。二九年初頭、イギリスで大ゼネストが発生したときには、同国の労働組合及び共産党の実情を視察中だった。また鉱山地区にも足を運び、「この目で、危機がどれだけ深刻かを見てとった」。

この秘密旅行の間、ゾルゲは偽造パスポートを用いて別人になりすました。そして、コミュニストを執拗《しつよう》にマークしている警察の鼻をあかした。彼の本領はいかんなく発揮された。

彼は水を得た魚のように次々と策をめぐらし、いつもしてやったりという顔でほくそ笑んでいた。そして、前の年自分のいた場所を秘密にしているのが愉快でたまらない、と言わんばかりに目を大きく見開くのだった。

ゾルゲのフランクフルト時代からの友人で、後に女スパイとして名を馳《は》せるヘーデ・マシングはこう回想している。

ベルリンにおける二人の再会は、彼がモスクワで働き始めてから五年後の二九年暮れのことだ。彼女の目に映ったゾルゲは、むかしと少しも変わらず愉快で饒舌《じょうぜつ》な男だった。しかし一面では、ひどく用心深くもなっていた。自分の最初の任務に関しては、

北欧のある国の「山間《やまあい》の高地にいた」と言うだけで、それがどこかは決して口にしなかった。そして、仲間は「羊だけさ」、羊たちがだんだん人間に似てきてね、

などという話をとりとめなくし続けた。（6）

ゾルゲは、政治的諜報活動こそが自分に適していることを自覚した。ヨーロッパ各国共産党の、党内紛争の処理にはまるで興味がわかない。またこの分野の活動経験を通し、諜報活動と組織活動を両立させようとするのは誤りだ、と考えるようになった。諜報員が名の知れた共産主義者と接触していたら、官憲の目にたえず身をさらすことになる。二九年にモスクワに戻ると、彼はこの問題について「率直な分析」を行って上層部に具申した。

当時の彼が、コミンテルンを離脱したいと思っていた可能性は大いにある。それには、もう一つ個人的な不満も加わっていた。それは、彼がモスクワへ送った情報がほとんど見向きもされずにしまいこまれたのを、たまたま知ったことだ。これは彼のプライドを傷つけ、無垢《むく》な忠誠心に水を差し、それとともに内心の疑惑もつのった。

(訳注。この背景には、ソ連におけるスターリンの権力強化という事実がある。スターリンは世界革命の実現より、一国社会主義を主張した。このためコミンテルン派は次第に追いつめられ、追放、粛清の憂《う》き目をみていた)

この気持ちは、『獄中手記』の一節にさりげなく記されている。

コミンテルンは、わたしの提出した政治的秘密情報にほとんど関心を示さなかった。(7)

ゾルゲの能力に、ヤン・カルロヴィッチ・ベルジン大将が注目していた。ベルジンは、赤軍第四本部の創設者であり部長であった。ソヴィエト軍事機密情報部の第四本部は、世界各国の諜報網を統括する部署で、ベルジンは有能な人材を喉《のど》から手が出るほどほしがっていた。それで、ゾルゲの上司が彼の移転を承認すると大喜びした。(8)

二九年にゾルゲが第四本部に移ったころ、ソヴィエトの最大の関心事は極東であった。西欧の革命に失敗すると、ソヴィエトは西欧資本主義の植民地アジアに注目し始めた。モスクワから見るかぎり、アジアに革命を伝播する起爆点は中国であった。だがソヴィエト諜報部は、中国のあまりにめまぐるしい情勢転換に戸惑っていた。(9)蔣介石《しょうかいせき》率いる国民党は国共合作を反古《ほご》にし、中国共産党の指導者の大半は処刑されるか地下に潜行するかしていた。一方、南京《ナンキン》におけるモスクワと蔣介石政府との関係は、ソ連が中国における領事館を諜報活動の拠点としていた事実が発覚し、それを蔣介石が咎《とが》めたことから険悪となっていた。

　中国は内戦の渦中にあった。だが、蔣介石の南京政府と中国紅軍の軍事力を比較するといった緊急課題について、ベルジンの手元に届くまとまった情報は一つもなかった。ロシアは、対立する両陣営の優劣を是非見きわめておきたかった。彼らは、どちらの馬の背に乗るべきか迷っていたのだ。

　ベルジンにとって最優先課題は、機能麻痺《まひ》に陥っている中国との連絡網を回復することだった。このため彼は、第四本部東方課のアレックス・ボロヴィッチ大佐を、中国に派遣することにした。そして通信を迅速に再開するため、彼にベテランの無線技師をつけた。きみもこの二人に同行してほしい。ベルジンはゾルゲに言った。

　南京政府軍と共産軍の優劣について、定期的に報告してくれたまえ。中国との無線連絡の再開は、もはや一刻の猶予《ゆうよ》もならない。だがゾルゲは、軍事情勢のみならず政治社会を含む総合的な情勢把握の必要性を訴えた。ベルジンはこれを承認した。

　ゾルゲはこの新しい任務に意欲的に取り組んだ。

　わたしはこの任務を、一つはそれがわたしの性格に向いているため、一つは東洋

におけるかつてない複雑な情勢に惹《ひ》きつけられたために引き受けた。(10)

同年秋、赤軍第四本部諜報員としての基礎訓練を受ける。第四本部東方課で、中国の軍事情勢や、ソヴィエト政府及び党の対華基本方針を学習した。さらに、暗号の作成方法も習得した。ゾルゲの暗号名は〈ラムゼー〉だった。この偽名は、四一年夏まで使用されることとなる。

十一月ベルリンへ向かい、偽装工作として農業と社会学に関する二つの専門誌に論文を発表する。翌十二月、本名による正式なドイツ国のパスポートを携えマルセーユから日本船で出発、三〇年一月、二人の同志とともに上海《シャンハイ》へ到着した。

(1) ジャニス&スティーブン・マッキノン "Agnes Smedley"
(2) ワルター・クリヴィツキー "In Stalin's Secret Service"
(3) クリスチアーネ・ゾルゲ "Die Weltwoche"
(4) 同 右
(5) 同 右

(6) ヘーデ・マシング "This Deception"
(7) 『現代史資料』第一巻　三三二頁《ページ》
(8) ゾルゲの記述によると、ベルジンに彼を紹介したのはOMSの部長オシップ・ピアトニツキーだという。
一九二八年に、スターリンが革命と党の発展のためにレーニンが遺言に認《したた》めた六人の後継者間の権力闘争を制したことを銘記しておく必要がある。その年、五人の指導者が第六番目の男スターリンに殺されることになろうとは、誰一人予期していなかった。

スターリンが権力を強化するに伴い、ゾルゲの同僚の多くはOMSを追われた。その年の十一月、党の指導的理論家ブハーリンも、コミンテルンを追放された。ゾルゲは間一髪のところでロシアを離れた、あるいは逃れたことになる。
(9) 海外でのゾルゲの活動は、ヨーロッパ諸国とりわけドイツで革命が失敗したことに伴い、ますます強化されたソ連の指導力を背景としていた。一九二一年以来ソ連の外交政策は、資本主義諸国との外交・貿易関係を樹立しながら、ソ連の保守すなわち〈一国社会主義〉を確立し、自国の隣接地帯をかためるよう方向転換した。この過程で、コミンテルンは翼をもがれたも同然となり、かつての革命推進組織は、ソヴィエト新外交政策の手ぬるい要望に仕える一機関と化した。この劇的な転換はゾルゲの『獄中手記』において、「権威の中心は、コミンテルンからロシア共産党及びソ連へ移行した」と要約されている。ソ連にとってヨーロッパは、もはや触手を伸ばす対象ではなかった。むしろアジア、とりわけイギリス支配下のインドと中国が、新たなクロンダイク（訳注。ゴールドラッシュの中心地）として注目されていた。

(10)　ゾルゲ『獄中手記』

四　一九三〇年一月──上海《シャンハイ》を舞台に

リヒアルト・ゾルゲと二人の同志は、人種の坩堝《るつぼ》ともいうべき上海にたちまち溶けこんだ。そこは、竹林にかこまれ柳のなびく支那《シナ》ではなかった。アジア最高のビルと、町を縦横に走る幅広い道路と、あちこちで目につく西欧人の赤ら顔で躍動する近代都市だった。

上海の半分以上は外国人の支配区域であった。共同租界は英国の統治下にあり、総督補佐機関、警察、税関などを統轄《とうかつ》する工部局が設置されていた。九十年前、一攫《いっかく》千金を夢見た英国の商人たちが、アジア最大の河揚子江《ようすこう》から十マイルほど内陸寄りの、黄浦江《こうほこう》の泥土《でいど》の上に交易の港を開いた。一九三〇年、ロシアからの二人の訪問者は、繁栄を誇る商業の一大中心地を目にした。どろどろした欲望とむき出しの野心、そしてありとあらゆる娯楽施設で脈動する街、それが上海であった。在留外国人はしばしばこの街の魔力に言葉を失い、やむなく一つの使い古された形容詞にすがりつく。

〈ユニーク〉がそれである。

上海は、中国に対する西欧の浸透度においてユニークだった。外国人居留区が、中国の無数の知識人、反体制活動家、国民党の迫害を逃れた革命家たちの避難所となっている点でユニークだった。中国共産党の地下本部もここにあった。巨大な犯罪組織、国民党系の大財閥いわゆる浙江《せっこう》財閥もここを根城としていた。そのユニークさゆえに上海は、外国から来る山師、強欲商人、スパイが跳梁《ちょうりょう》するにはかっこうの舞台であり、ロシアの諜報員《ちょうほういん》にとってもこれ以上魅力的な場所はなかった。

ゾルゲが到着したころ、中国は苦痛に呻吟《しんぎん》していた。蔣介石《しょうかいせき》が一応実権を握ってはいたが、この広大な国土のかなりの部分は、彼に服従しない軍閥や匪賊《ひぞく》の食いものにされていた。国共両軍の戦闘過程で、何千という中国民衆が死んでいた。飢餓と強盗、さらに、熾烈《しれつ》な戦闘で鬱屈《うっくつ》した兵士たちによる略奪行為のせいだ。しかし、上海在留の外国人や中国人上流階級にとって、戦争は別世界のできごとであった。

三〇年二月、『フランクフルター・ツァイトゥング』紙の著名な特派員アグネス・スメドレーは、この享楽《きょうらく》の街について、『中国の内戦——次に来るのは何か?』で報じている。

上海のような大都市では、人々の生活はともすればのんきで自堕落となりがちだ。ここでは、豪華なレセプションやダンスパーティが頻繁に開かれ、新たな銀行の開設や大規模な財界再編、株式取引所における大投機は日常茶飯事である。アヘンの密輸もあれば、治外法権下での外国人と中国人のいがみ合いもある。さらに、ナイトクラブ、淫売窟《いんばいくつ》、賭博場《とばくじょう》、テニスコートなども目につく。この状況を、新時代の幕開け、新しい国家の誕生と呼ぶ者もいる。それは特定の人間にとってはそのとおりであろう。すなわち、豪商、銀行家、暴力団などにとっては。しかし、中国国民の八十五パーセントを占める農民にとっては、このすべてが、生活を破壊する疫病《えきびょう》にほかならないのだ。

ゾルゲは、スメドレーの報道記事にいたく感銘していた。このため彼は、中国に到着するやいなや彼女の居どころを探した。未知の国で諜報活動を開始するには、コネを作ることが絶対条件である。ベルリンの外務省はドイツ総領事宛《あ》ての推薦状で、彼を「中国農民の実情視察のために渡中するジャーナリスト」と認めていた。しかし彼は、それ以外の紹介状は用意していなかった。

初対面のスメドレーは実に気安くまた快く、彼に大勢の人間を紹介してくれた。ゾルゲはこのことを、『獄中手記』において回想している。

中国で頼りにできる人間は、アグネス・スメドレーしかいなかった。彼女のことはヨーロッパにいるとき初めて耳にした。わたしにとって、上海で中国人の中から同志として適切な人間を選び諜報網を確立するのに、彼女の協力は是非とも必要だった。(1)

スメドレーは並大抵の女性ではない。米国コロラド州の炭坑地帯ですごした貧しい少女時代にもめげず、世界に名を馳《は》せるまでになった人間である。彼女は常に、虐《しいた》げられた者の味方だった。イギリス帝国主義に対するインドの独立を、男に対する女の解放を、倦《う》まずに情熱をもって擁護した。やがて自伝的小説『大地の娘』(訳注。『女一人大地を行く』という訳もある)により、一躍世界的名声を得る。これは二九年にドイツで発行され、ゾルゲも目を通していた。同年春、『フランクフルター・ツァイトゥング』紙の特派員として上海に来た彼女は、そこで興味津々《しんしん》たる新たな挑戦課題を発見した。中国の女性は、性的にも経済的にも社会的にも奴隷《どれい》であった。それは社会の後進性を象徴していた。一方農民は、支配階級から苛酷《かこく》に搾取《さくしゅ》されていた。

このような迫害の犠牲者にとって、中国革命運動の奮戦は希望の光だった。スメドレーはその運動に一命を投げ出す。こうしてゾルゲが訪れたころには、中国共産党の地下運動者の多くと知り合いになっていた。中国の知識人や政治的迫害を逃れた者の避難所である上海こそ、彼女にもっとも適した活動舞台であった。

アグネス・スメドレーという、普通の尺度では計れない女性をゾルゲはどう見ていたのだろう？　彼女の、身の危険もかえりみぬ勇気、権威に対する徹底した反抗、確固たる言動に彼が感服していたのはまちがいない。同時に、精力的な敏腕記者としての彼女にも尊敬を抱いていた。二人はともにコミュニストで、自らを貧苦と隷従にあえぐ人々を解放する使徒と見なしていた。

スメドレーは、一般的な意味では美人とは言えなかった。短く刈った髪と突き出た顎《あご》はまるで男のようだった。彼女が、自分で故意にそう見せていた面もある。わたしは顔のまずさを頭で補おうとした、というのが彼女の言葉だ。

同時代のある女性によると、三〇年のスメドレーは次のようだった。

知的な職業婦人といった感じ。衣装には無頓着《むとんちゃく》。薄茶の髪。いつも生き生きしている。大きな灰緑色の目。どう見ても美人ではない。でも、顔はよく整っている。

髪を後ろになでつけると、とても広い額が見えた。(2)

彼女はゾルゲより三歳半ほど年上だった。二人がはじめて会ったのは、三〇年二月二十三日、彼女の三十八歳の誕生日のときと思われる。二人は会うやいなや肉体関係を結んだ。それから、互いに助け合う同志関係が生まれた。いろいろな資料から考えるに、ゾルゲには年上の女に惹《ひ》かれる傾向があったようだ。

スメドレーのある友人は、その年の春の終りから夏にかけて、二人は広東《カントン》省の広州ですごしたと述べている。(3)

スメドレーは、ドイツからの新来者のとりことなった。束《つか》の間《ま》のことではあれ、彼女はこの恋愛にのめりこみ幸福感をむさぼった。同年五月二十八日付けで親しい女友だちに宛てた手紙には、二人の様子がよく窺《うかが》われる。

わたしね、結婚したのよ。まあ、結婚て言っとくわ。彼、とても男らしい人でね。わたしたち、何もかも半分ずつわけ合っているの。お互い、助けたり助けられたり。仕事もいっしょなら、飲み歩くのもいっしょ。大きく広い、全面的な人間関係と同志関係ができたのよ。これがいつまで続くかはわからない。成り行きというものがあるしね。そう長くはないって気もするわ。ただ、いまは生涯で最高。こんなすてきな、身も心も生き生きした毎日は生まれてはじめてだもの。（4）

スメドレーの女権論には、女性の性的満足の主張も含まれている。その点で彼女自身は、明らかにこの男性的な恋人によって満たされていた。一方ゾルゲにとっては、彼女との関係で多くの実際的な収穫があった。彼女は広い人脈を持っていて彼の便宜を図り、貴重な情報を惜しげもなく提供した。『獄中手記』の中でゾルゲは、彼女を上海諜報網のメンバーと認めている。

わたしは彼女を、組織の中心メンバーとして扱った。彼女の仕事ぶりは完璧《かんぺき》だった。（5）

だがスメドレーは、自分をいかなる組織の〈メンバー〉とも考えてはいなかった。彼女は彼がモスクワのために働いていることには気づいていたが、彼の属しているのがコミンテルンなのかソヴィエト諜報部なのかは知らなかった。彼女は権威と名のつくものには何であれ反抗するタイプで、それゆえに、特定の組織に安易に身をゆだねる人間ではなかった。後年彼女は、自分はコミュニストに共鳴しその運動をいつも積極的に支援したが、一度として党員にはならなかった、と述べている。

ゾルゲとスメドレーは、五月初旬、広東に到着した。そしてさまざまな軍閥に支配された華南地方をめぐり、比較的ゆっくりした数週間をすごした。条約港広東は、上海に次ぐ外国人支配下のもっとも重要な商業の中心地であった。三年前この地で蔣介石軍が、台頭しつつあった共産主義者を武力討伐した。無数の人間が虐殺《ぎゃくさつ》され、犠牲者の中にはソヴィエト領事館員の大半も含まれていた。虐殺をかろうじて免れた共産主義者と労働組合幹部は、ひたすら組織再建の機会を窺っていた。街は水面下で、不穏な胎動を続けていたのだ。

数カ月の間、ゾルゲは広東の外国人居留区を拠点とし、英国の植民地香港《ホンコン》の周辺地区の実情をつぶさに検分した。やがてそこを立ち去るころには、華南の軍閥に対する南京《ナンキン》政府の動向について、進んで報告してくれる人々による情報網を組織していた。

これらの人々及びその他地域における協力者からの情報をつなぎ合わせ、ゾルゲは蔣介石の政権獲得構想及び内政構想に関する青写真を作成した。そしてその後数カ月にわたり、蔣介石とその政敵との力関係について、自分なりの判断を加えてモスクワに報告した。

ロシアから潜入した三人の諜報員、アレックス・ボロヴィッチ、リヒアルト・ゾルゲ、ゼッペル・ワインガルテンの緊急任務は、モスクワ・上海間の無線通信を再建することだった。この任務は、三人が到着したときすでに進行中だった。ワインガルテンの第四本部技術課時代の同僚マックス・クラウゼンが、二八年秋に中国へ送りこまれていたのだ。クラウゼンは三〇年一月にゾルゲと会うまでに、上海・ウラジオストック間の通信を確立し、ハルビンを拠点とする赤軍諜報員のために、無線装置を設置し終えていた。

クラウゼンはひたむきな共産主義者であった。ドイツ南部の小商人の息子で、当時三十一歳。彼のコミュニズムに関する信念は、貧しかった生活体験を通して形成された。学校へもろくに行けなかった彼は、子どもの身で商船に乗りこんで金をかせいだ。やがて、船員組合における活躍がソヴィエト課報員の目にとまってモスクワへ招かれる。モスクワの赤軍無線学校で数カ月訓練を受けた後、上海行きを命じられたのである。

クラウゼンは、ハルビンで任務を果たすとまた上海へ戻った。そこで、アンナ・ワレニウスと出会う。ロシア革命を逃れて来た寡婦《かふ》である。やがて二人は、多くの白系ロシア人に混じって暮らし始めた。当時の上海は三十以上の国籍の人間のたむろする、さながら人種の万華鏡《まんげきょう》であった。アンナは共産主義を毛ぎらいしていた。クラウゼンと愛し合ったとき、彼が献身的な共産主義者でソ連の諜報員であるとは夢にも思っていなかった。二人は英米法のもとで夫婦となった。ソ連がその結婚を適法と見なしたのは、それから数年後のことである。

ゾルゲの上司アレックス・ボロヴィッチは、上海到着数カ月後、急遽《きゅうきょ》立ち去らなければならなくなった。上海警察に、四六時中つけまわされるようになったのだ。そのときからゾルゲは諜報網のキャップとなり、以後の活動の間ずっとその地位を保つこととなる。

上海においては、第四本部の数名を除きゾルゲの正体を知る者はいなかった。彼は本来の自分のほかに、二つの顔を持っていた。中国人協力者の間ではアメリカの新聞記者ジョンソンで通し、コミンテルンのメンバーになりすましていた。そしてもう一人、ドクター・ゾルゲが存在した。この男はベルリンの『ドイツ穀物新聞』に、〈満州における大豆の収穫〉〈中国に見られる胡麻《ごま》の大豊作〉〈拡大しつつある中国の落花生輸出〉といった記事を寄稿していた。

これが上海の租界で知られていたゾルゲの顔である。当時の彼は、南京政府の軍事力に関する重要情報を、蔣介石の軍事顧問であるドイツ人将校から入手していた。彼が接触した将校は五十人と言われている。大戦の功労者として、彼はこれらの人間に堂々と近づいた。戦傷による歩行難が、それだけで身分証明となったのである。

ドイツは国民政府軍の再編に尽力して武器を支給することで、中国における権益拡大を目論《もくろ》んでいた。中国に対するドイツの影響力の増大に、ソ連は絶えず神経をとがらせていた。しかし、中国におけるソ連の権益に関しそれ以上に切迫した脅威は、日本の領土拡張だった。それは、一九三一年（昭和六年）九月の爆破事件によってもたらされた。九月十八日の晩、瀋陽《しんよう》（訳注。旧奉天《ほうてん》）付近で、南満州鉄道が何者かにより爆破された。日本軍の満州駐屯部隊関東軍は、それを中国人の破壊行為と一方的に言いたて、中国軍との激しい砲撃戦のすえ瀋陽を占拠した。それを端緒に、およそ一カ月後には全満州を制圧した。三二年三月一日、〈満州国〉の独立宣言がなされる。皇帝は清《しん》朝の末裔《まつえい》、溥儀《ふぎ》であった。

日本が言葉たくみに〈満州事変〉と表現したこの侵略行為こそ、十年後、太平洋を舞台に演じられる惨劇の幕開けであった。だが直接には、この事件によって日ソ間の利害の微妙なバランスが崩れた。

満州の支配権を確立したことにより、日本は東亜において、いよいよ積極的な役割を果たすのに急となった。満州の制圧で、日本がその役割を独占的に担《にな》おうとする決意を新たにしたのは容易にうなずける。この結果ソ連は、従来国防の拠点としてとかく軽視しがちであったこの広大な辺境地帯で、日本と対峙《たいじ》せざるを得なくなった。

満州事変は国際的な非難の的となった。しかし世界の大国は日本を刺激することを恐れて、満州における日本の特殊利権を黙認する態度に終始した。中国は世界のこの弱腰に激怒した。抗日デモが中国全土に広がった。上海在留の日本人は、このけしからぬ行為を〈厳罰に処すべき〉だと強力に訴えた。上海市内に極度の緊張感がみなぎった。やがて三二年一月下旬、日中間に戦闘の火ぶたが切られる。日本軍海軍の陸戦隊が、中国人集中地区閘北《チャーペイ》を攻撃したのだ。数週間に及ぶ砲撃戦のすえ、中国軍はついに一掃された。

共同租界の外国人は、キャセイホテルの窓やその他の安全地帯から、戦闘のもようを見守った。鼻を突く硝煙《しょうえん》が、炎上した中国人集中地区から立ち昇ってきた。

この戦闘に、ゾルゲはいても立ってもいられぬほど興奮した。後の記述によると、彼は戦闘の最前線近くまで出向いたもようである。そして、中国人兵士と学生支援隊の勇壮ぶりにわれを忘れ、どうやら防御線で手榴弾《しゅりゅうだん》を投げて彼らに助力したらしい。言うまでもなくそれは、中国軍の戦闘能力と士気を直接判定する絶好の機会でもあった。

ゾルゲと親交があった蔣介石のドイツ人軍事顧問たちは、異口同音に、日本人兵士一人の力は中国人兵士の五人から十人の力に匹敵する、と言っていた。それは戦場における武勇の問題ではなく、軍規、組織、軍備の問題であった。その点で日本軍は圧倒的にすぐれていた。しかし中国軍は見事な防戦を行った。中でも、上海における第十九路軍の活躍は際立《きわだ》っていた。塹壕《ざんごう》に立てこもり徹底抗戦を行ったのだ。このため日本軍は、陸戦での優位を生かすことができず正面突撃を繰り返した。

だがゾルゲの結論は、総体的には大半が規律に欠け軍備も不十分な中国軍は強力な日本軍の敵にあらず、というものだった。

しかし、日中の正面衝突はもはや避けられそうになかった。〈上海事変〉によって日本の征服欲はますますつのり、日本は中国にとって西欧帝国主義以上の脅威となる、という考えをゾルゲはますます強めた。

わたしは日本に関する、総合的な考察の必要性を痛感した。それでまだ中国にいるうちから常にそのことを心がけた。やがて本格的に、日本研究に着手した。日本の歴史と外交政策を徹底的に究明しようと考えたのだ。(6)

「日本の中国政策を研究したい。その方面に詳しい日本人を紹介してもらえまいか?」三〇年十一月、広東から戻るとゾルゲはスメドレーに頼んだ。(7)

彼女はそれまでに、反帝国主義闘争に身を挺《てい》する若い中国人を何人もゾルゲに紹介していた。彼らの多くは、ゾルゲに対する情報提供者あるいは協力者となっていた。そしていま彼は、彼女の知っている日本人と接触したがっていた。彼女の知人なら、中国に対する自国の侵略行為に反対し、自分の諜報網《ちょうほうもう》のメンバーとなる可能性がある。スメドレーはこれを承諾した。このことが、やがて後々まで大きな影響をもたらす重要な契機となる。南京路のレストランで彼女がゾルゲに引き合わせたのは、尾崎秀実《ほつみ》という男だった。中国事情に精通し、彼女の革新的意見に心から共鳴している新聞記者であった。

「ジョンソン(訳注。ゾルゲの偽名)てなかなかの人物よ」スメドレーは尾崎に請け合っていた。

　スメドレーの知人はゾルゲより六歳若く、見たところ特に目を引くものはなかった。頰がふっくらし、日本人としては鼻が高い。目元がおだやかで、何かというとすぐ笑顔を見せる。彼は、『大阪朝日新聞』の特派員だと自己紹介した。それは日本の代表的新聞であったが、そのことを鼻にかけている気配は微塵《みじん》もなかった。スメドレーはかねがねゾルゲに、彼は日本で一、二の中国通よ、と言っていた。二人の男はすぐに打ち解けた。ゾルゲの見た尾崎は当たりがやわらかく、なかなか興味をそそる人物だった。それにきわめて協力的であった。二人は互いの知的能力を認め合い、まもなく共通の趣味を持ち合わせていることを発見する。尾崎は結婚しており、懐《ふところ》に入れて持ち歩いている赤ん坊の娘の写真をうれしそうに取り出す男だった。同時に彼は根っからの女好きで、友人たちに〈ホルモンタンク〉と呼ばれていた。(8)

　これ以来尾崎は、日本の対華政策及び南京政府の動きに関する、貴重な情報提供者となる。だがゾルゲは、そのころでもアメリカの新聞記者〈ジョンソン〉で通していた。尾崎は名の売れた特派員として、上海における日本の政府高官及び実業界に広い人脈を持っていた。一方裏では、この都市の中国共産党にも尽力していた。だが彼は、日本ではおろか中国でも、党員とはならなかった。そのため官憲のブラックリストからははずれ、自由に動きまわることができた。

尾崎を通してゾルゲは、政治軍事情報の収集に進んであたってくれる、二人の協力者を得る。水野成《しげる》と川合《かわい》貞吉である。水野は明るい目をした理想家肌の青年であったが、学生アジテーターとして派手に活躍しすぎ、まもなく上海を追放されてしまう。一方川合は身軽なジャーナリストで、いわゆる〈支那浪人〉つまり中国でひと山あてることを夢見て渡来した人間だった。

上海におけるゾルゲやスメドレーとの出会いは、尾崎の人生を一変させた。逮捕後彼は記している。

考えてみますと、アグネス・スメドレーやリヒアルト・ゾルゲに出会ったことは、わたくしにとってまさに運命的であったと言うことができます。わたくしのその後のせまい進路を決定したのは、結局この人たちとの邂逅《かいこう》であったからです。(9)

ゾルゲは大型のオートバイを手に入れた。それに乗って、人々のひしめく上海の町なかへ猛スピードで突進した。やがて三一年九月、ついに来るべきものが来た。バランスを失って衝突事故を引き起こし、脚を骨折したのだ。

ところがギプスをはめて入院している間、彼はこの負傷を笑ってごまかしていた。戦争でポンコツになった体に、また一つかすり傷が増えたところでどうってことはないさ。当時の彼は、赤軍の一班の責任者という重い立場にあった。だが、生来の向こうみずはいっこうに直らなかった。すぐにつまらぬ度胸だめしをしては、無意味な危険に遭遇するのだった。

ゾルゲの見舞い客の一人に、ルト・クシンスキーまたの名ルト・ヴェルナーがいた。彼女は若いドイツ人コミュニストで、ゾルゲが秘密会議を開くときには、自分の家を提供していた。彼女はたびたび、ゾルゲの運転するオートバイの後ろに乗った。ゾルゲがエンジンを目一杯ふかし、南京路を抜け大班《タイパン》（訳注。中国にある、外国人商館の支配人）の住む木々の茂った東洋のサリー（訳注。イングランドの南東部）へ飛び出すと、彼女は彼の背中にしがみついた。

ルトはゾルゲに献身的に尽くした。それゆえ、彼が三二年暮れに上海を去ったときには、放心状態になった。だが、やがて満州へ行って赤軍の諜報活動を継続し、ついに赤軍随一の諜報員と言われるまでになる。(10)

マックス・クラウゼンも、ゾルゲのオートバイに乗せられたことがある。その無茶苦茶運転は、彼にとって後々までも忘れられぬ恐ろしい思い出となった。ゾルゲは鋼

鉄の神経を持っていたが、クラウゼンはそういう人間ではなかった。(11)

ゾルゲとスメドレーの恋愛は、彼女の予期したとおり数カ月で破綻《はたん》した。その詳しい事情はわからないが、考えられるのは、彼の激しい女あさりに彼女が疲れてしまったことだ。スメドレーは少なくとも理論的には、男女の性的自由の熱烈な唱道者だった。だがその高潔な思想も、自らの嫉妬心《しっとしん》まで払拭《ふっしょく》することはできなかったものと思われる。

上海滞在中、ゾルゲはこの並はずれた女性から、言葉に尽くせぬ恩恵をこうむった。彼の諜報網に編入した中国人は、ほとんど彼女の口添えで知り合った者だ。しかしその恩恵の大きさが本当に気づかれたのは、尾崎秀実が紹介され、日本に関するもっとも重要な情報提供をするようになってからである。

二人の親密な関係について、今日までに明らかにされた資料で見るに、ゾルゲのスメドレー評が下品とも言えるほど乱暴なことに驚かざるをえない。

スメドレーは教育もあり、頭もよく、ジャーナリストとしてはすぐれていた。だが、結婚したい相手ではない。要するに男みたいな女なのだ。(12)

上海におけるゾルゲの活動は、女の役割をぬきにして語れない。その重要性は、日本における比ではなかった。スメドレーとクシンスキー以外にも、少なくとも二人の中国人女性が、諜報網のメンバーとなっていた。その一人が、暗号名〈ミセス・チュイ〉である。彼女に対しゾルゲは、「広東生まれのこの女性は、われわれの活動にもっともふさわしい人だ」と高い評価をくだしている。

これを考えるにつけても、取調べ官に対して述べた、諜報員としての女の適性に関する彼の容赦のない口ぶりには唖然《あぜん》とさせられる。

女は諜報活動にはまったく向いていない。女には、政治やその他の問題に対する理解力が欠けている。わたしは、女から満足な情報を得たことは一度もない。女は役に立たないので、活動には使用しなかった。(13)

おそらくゾルゲはこのように記すことで、諜報網周辺にいた日本女性をかばっているのだ。これが、上海での言動とまったく矛盾していることは一目瞭然《りょうぜん》だろう。

（1）『現代史資料』第一巻 一五五頁《ページ》
（2）ルト・ヴェルナーのこと。彼女はドイツのコミュニストで、やがてゾルゲ諜報網に参加する。"Sonjas Rapport"
（3）陳《チェン》・ハンシェンのこと。陳は、新設された上海《シャンハイ》科学研究所の所長で、中国における数々の不正にスメドレーの目を開かせた人物である。彼女が上海で接した反体制グループの中でもっとも重要な一人といってよい。（ジャニス&スティーブン・マッキノン "Agnes Smedley"）
（4）ジャニス&スティーブン・マッキノン "Agnes Smedley"
（5）ゾルゲ『獄中手記』。『現代史資料』第一巻 一五八頁
（6）ゾルゲ『獄中手記』
（7）『現代史資料』第一巻 三三八頁から会話体に構成。
（8）石堂清倫との面談。
（9）『現代史資料』第二巻 八頁
（10）ルト・ヴェルナー "Sonjas Rapport"
（11）アラン・ゲラン "Camarade Sorge"
（12）『現代史資料』第一巻 一二三頁

ゾルゲがこれだけひどいスメドレー評をした背景には、二人の別離においてゾルゲがスメドレーに捨てられた、という事情があるのかもしれない。女性にはいつも自信満々であったゾルゲが、このとき初めて女性から屈辱を味わわされたと考えると、この酷評もうなずけるが、もとより真相は明らかでない。

(13) 同右

五 一九三三年四月――「東京も悪くないですね」

一九三三年、モスクワに戻ったゾルゲをベルジン大将は〈温かく出迎え〉、三年間にわたる中国での労をねぎらった。

第四本部における初仕事で、ゾルゲは諜報網《ちょうほうもう》をみごとに組織し、大胆な手口でさまざまな軍事情報を収集して、政治経済情勢の分析にすぐれた手腕を発揮した。第四本部において、ゾルゲの評価が高まっていた。

次の任務のことは、まだ話題にのぼらなかった。ゾルゲは、中国の農業問題の研究に打ちこんだ。学問的業績を通し、東洋に関するオーソリティとしての地位を確立するつもりだった。

この期間は、束《つか》の間《ま》ではあれ充実感にあふれていた。モスクワでは、中国渡航以前からの恋人が待ち受けていた。エカテリーナ（カーチャ）・マキシモーワという、演劇志望の学生で、おそらくは第四本部の上部組織、内務人民委員会（ＮＫＶＤ）から彼のもとへ派遣されたロシア語教師だった。

現在残っている写真で見ると、カーチャは黒い瞳《ひとみ》をした美しい女性である。とりわけ憂《うれ》いに満ちた笑顔が印象的だ。彼女は、ソヴィエト共産主義をすばらしいものとして、一途《いちず》に信じていた。彼の留守の間、彼女は演劇への夢を捨て工場で働いていた。それがソヴィエトの産業発展に貢献することだと信じて疑わなかった。

二人の愛は、長い別離の間も途絶えることなく続いていた。上海《シャンハイ》から戻ったゾルゲは、アパートの地下室にある彼女の狭くるしい部屋へまっすぐやって来た。そこで数カ月間、カーチャとの家庭的幸福を味わった。ロシア語の学習に精をだし、著作に専念し、二人で劇場へ足を運んだ。

その年の四月下旬、ベルジンの呼び出しを受けた。彼が言うには、「本が完成するまで、きみのことはそっとしておくという約束だった。だがそれが果たせなくなった。済まない。実は、もう一度外国へ行ってほしい。きみならどこへ行きたいかね？」ということだった。

やがて、ゾルゲの東京行きの決定がくだる。

わたしは、アジアで行きたいところが三カ所あります。華北、満州、それに東京も悪くないですね、と言った。東京のことは半分冗談のつもりだった。それが最初の会合で、二週間後再びベルジンに呼び出された。そのとき彼は、「きみの言った東京は、一つの試みとしてなかなかおもしろい」と言った。(1)

ベルジンは、これからは日本において、きみの能力と経験を生かしてもらわなければならない、と強調した。

満州事変後の日本の領土拡張により、中国における日ソの緩衝地帯は取り払われた。加えてロシアは、北満州における勢力圏から駆逐された。いまやロシアの国境地帯で、好戦的で巨大な日本軍が直接圧力を加えている。その日本は、伝統的にロシアを敵国と見なし、共産主義を悪質な毒ガスと考えている国だ。むろんロシアも日本を憎悪《ぞうお》していた。中年以上のロシア人なら一人残らず、今世紀初頭、このアジアの成りあがり者から受けた屈辱を忘れていない。ロシアは日本に旅順で惨敗《ざんぱい》を喫し、対馬《つしま》沖ではバルチック艦隊が撃滅されるという憂《う》き目を見ているのだ。

そしていまソ連は、自国領土に楔《くさび》を打ち込む位置にいる満州の関東軍により、三方向から銃剣を突きつけられていた。東はソヴィエト沿海州、北は広大無辺のシベリア、西はソヴィエト防御線の外モンゴルである。

極東におけるソ連の防衛力はきわめて脆弱《ぜいじゃく》だった。前年冬のきびしい窮乏生活で兵士の士気はすっかり低下し、それが土台を蝕《むしば》んでいたのだ。窮乏は事実上飢餓の域に達していた。その原因の一端は、スターリンの性急な工業優先策にある。日本の極東政策に対するソ連の懸念《けねん》は、日本の通信を傍受して得た情報で、根拠のないものでないことが確認されていた。日本が近くこの一帯で進撃に出る可能性について、第四本部は警戒を怠らなかった。

ベルジンは、東京におけるゾルゲの役割を指示した。

まず何をおいても、日本の真のねらいがわが国にあるのかどうかを見きわめねばならない。言うまでもなく肝心なことは、日本がわれわれに攻撃しかけるかどうかだ。日本軍部は政権を掌握する意図を持っているように見える。満州征服以来の日本軍部の動きから察するに、満州であまり容易に勝利したため連中の征服欲はますます増大した。それはいろいろな点で言えることだ。連中はより広大な領土に飢えている。

きみには日本の侵略対象を探ってほしい。それに、日本の軍事力とりわけ侵略態勢を整備中の陸軍及び航空隊の改編と増強について、正確なデータが必要なのは言うまでもない。（2）

ベルジンは、極端な反ソヴィエト主義者が日本の政策を決定する地位につくことを恐れていた。満州の略奪で、日本を牛耳っているのが海外駐屯部隊の関東軍であることは明らかとなった。それはさながら、尻尾《しっぽ》が犬を動かしている状態だった。

第四本部はこの危機的状況にあっても、日本における諜報網を確立できずにいた。通信傍受を除き、東京から入手できる主な情報は〈合法的組織〉に頼る以外になかった。駐日ソ連大使館、通商代表部、タス通信東京支局等である。第四本部では、これまでたびたび日本に諜報員を送ったが、ことごとく無残な失敗に終っていた。

出発までほとんど時間はなかったのに、ゾルゲは図書館へ足を運び日本に関する文献や新聞記事を読みあさった。こうしてまもなく新たな故郷となる、このまったく未知の国に関する知識を懸命に仕入れた。

この事前調査を通し、日本人の大半がアジア大陸への進出もやむを得ず、と考えている事実を発見する。日本人は七千万に近い人口を、可住地面積のかぎられた島国ではとてもまかないきれないことを承知している。身分の上下を問わず日本人全体が、世界平均の十倍もある人口密度こそ、自分たちの社会的経済的苦境の根因であると考えていた。

日本は〈持たざる国〉であり、アジアの植民地の豊富な資源で肥え太る西欧諸国により、その一帯で当然占めて然《しか》るべき地位から締め出されていた。不公平はそれに尽きない。日本国民の海外移住と繊維輸出の拡大が、極度に制限されていたのだ。このことを指摘していたのは、狂信的な国粋主義者ばかりではない。穏健な学者も同様だった。つまり、アジア大陸へ進出し領土を拡大することは、自らの生存が危殆《きたい》に瀕《ひん》しているという、ただ一つの理由で正当化されていたのだ。

生存圏の拡張を求める日本にとって、いかに人口過密とはいえ中国は文化的にも地理的にも大きな魅力を持っていた。欧米列強に〈条約港〉を占領され、搾取《さくしゅ》され放題の状況を呈している中国はかっこうの餌食《えじき》と考えられた。日本は遅れて来た帝国主義国家であった。一八九四年から五年にかけての日清《にっしん》戦争で、台湾を領有した。その十数年後、朝鮮を併合した。そして三一年、ついに満州を奪取した。

だが日本は、これだけで満足するだろうか？　というより、社会的国家的に腐敗をきわめ、悪臭を放つ屍《しかばね》と化した中国に、本当に餌食としての魅力を感ずるだろうか？東京におけるゾルゲの主要任務は、日本のアジア大陸辺境政策を探索することだった。中国に対する日本の姿勢は、すなわち他国に対する日本の戦略にほかならない。

きみには、日本の対華政策に関する完璧《かんぺき》な情報収集を期待している。それで日本の北方政策も自《おの》ずと判明する。他国に対する日本の意図は、その対華政策から割り出せるはずだ。(3)

みすぼらしいアパートの地下室における、ゾルゲとカーチャの平穏な家庭生活に終りが近づいた。またの長い別れを考えると、二人は悲しかった。同時にゾルゲは、新たな任務に嬉々《きき》としていた。彼の冒険への切望は、一人の女と平凡な家庭的幸福に浸る欲求にまたも打ち勝ったのだ。

しかしゾルゲは自分の出立前に、厭《いと》うべきブルジョア的儀式と、頑迷なソヴィエト官僚機構に大幅な譲歩をする。

彼は純粋に現実的見地から、二人の関係をきちんとした方がよいと考えたのだ。そうしたら、カーチャの存在は第四本部に正式に認められる。海外へ派遣された赤軍活動員の妻となれば、夫の給料を受け取ることもできるし、手紙の取り次ぎも確実にしてもらえる。カーチャは自由な精神の持ち主だった。そして、結婚を拘束服と見なすゾルゲに同調していた。しかしやがて納得した。この決断が後の悲劇の引き金となる。

式も祝典もなかったが、二人は正規の手続きに則《のっと》り夫婦となった。だが、役所の書類作業は実にのろのろしていた。結婚証明書によると、エカテリーナ・マキシモーワがリヒアルト・ゾルゲの妻となったのは、三三年八月八日である。そのころにはゾルゲはすでに日本へ向けて出発し、ニューヨークへ立ち寄っていた。

後年ゾルゲは、取調べ官の尋問に対し二人の関係をごまかした。カーチャはあくまで〈恋人〉にすぎないと言い張ったのだ。

わたしがモスクワにいたら、彼女と結婚していっしょに暮らしていただろう。

西まわりで東京へ行く途中、ゾルゲはベルリンへ立ち寄った。偽装のため、あらためてジャーナリストとしての正式な資格を得ようとしたのだ。日本へ行くには、確実な身分証明と有力者の紹介状が欠かせない。そのためにはドイツへ渡る必要があった。

祖国への帰還は二九年以来のことだが、そのころのドイツはすでに様相を一変し、アドルフ・ヒトラーが政権を握って第三帝国建設に乗り出していた。五月下旬、ゾルゲがベルリンへ到着したころには、民主主義は完全に抹殺されていた。処刑や拘留を免れた共産党幹部は国外へ亡命し、平党員は屈辱をしのんで新政府の命に服していた。

この世情騒然たるドイツへ入国するのは、きわめて危険なことだった。ナチスに接収された警察記録には、共産主義運動におけるゾルゲの活動が詳細に記されているはずだ。

しかし、その危険は計算済みでもあった。ゲシュタポはまだ組織的に未熟で、形式主義にがんじがらめになっている。そこが付け目だ。加えてナチスに表向きの忠誠を誓った多くの元コミュニストが、内部で実務に携わっている。新政権の敵である自分の過去が、そうやすやすと露見することもないだろう。

第一になすべきことは、パスポートの入手だ。そのために彼は、六月一日、ベルリン警察で住民登録をしなおした。登録用紙に記入する際は、中国から直接ドイツに来たことにした。モスクワでの五カ月間は〈抹消〉したのである。

さらに考えたすえ、ナチスへの入党は日本到着後にすることとした。ドイツにいる間に、資格審査で身元を洗われる危険を避けたのだ。三三年ごろには、各地を飛びまわるジャーナリストにとって、党員証はまだ必要不可欠というわけではなかった。

ドイツ滞在の数週間、ゾルゲはしっかりした肩書きを持つ職業を手に入れようとした。外国の通信員という隠れみのは、上海での三年間の諜報活動において非常に有効だった。商売人も悪くはないが、これは自分に向いていそうもない。元来彼は書くことが好きで、それも一般向けというより専門家向けの、中身の濃いかたい記事を得意としていた。彼はすでに、中国の農業問題に関する綿密な記事で名が知られていたが、いまは新たな発表機関が必要だった。その一つに、幅広い読者層を持つ『ツァイトシュリフト・フュル・ゲオポリティーク』（地政学）誌があった。同誌では、日本の軍隊や農業、満州の発展状況に関する記事をほしがっていた。

この雑誌は、ドクター・カール・ハウスホファーが創刊した。ハウスホファーは、政治に及ぼす地勢の影響を説いた名高い大学教授で、日本に関するオーソリティであり、大いなる日本人崇拝者だった。同時に、ナチスの強力な同志かつヒトラーの右腕ルドルフ・ヘスの友人でもあった。

ミュンヘンまで出かけ、人々の尊敬厚いハウスホファーを訪問したことはきわめて効果的だった。訪問に先立ちナチスのイデオロギーを研究し、ヒトラーの『わが闘争《マイン・カンプ》』を苦労して読み通した。ハウスホファーはこれにひどく感心し、駐日ドイツ大使ばかりか駐米日本大使にも紹介状を認《したた》めてくれた。

このときハウスホファーは、陸軍中佐オイゲン・オットなる男の名を口にした。オット中佐はつい数週間前、日本へ新たに赴任する直前に彼のオフィスへやって来たということだった。

オットの名は、ドクター・ツェラーと面会したときにも話題になった。ツェラーはベルリンで発行されている『テークリッヒェ・ルンドシャウ』紙の論説主幹で、多くの人に尊敬されている人間だった。ゾルゲは同紙が、日本からの寄稿に関心があるかどうかを尋ねた。願ってもないことだね。これがツェラーの返事だった。彼は中国に関するゾルゲの記事にいくつか目を通していた。(4)

二人とも第一次世界大戦に出征した仲だった。それですぐに意気投合し、やがて塹《ざん》壕《ごう》体験の思い出話に花が咲いた。そのときツェラーは、同じ部隊にいて個人的にも親しかった武官のことを思い出した。

「日本へ行ったら是非会うとよい人がいます。わたしの友人でしてね。彼はつい先日、日本へ発《た》ったばかりです。いまは日独交換武官として、名古屋の日本陸軍野砲兵連隊に駐在しています。名前はオット。オイゲン・オット中佐です。

ツェラーはこの武官に紹介状を書いてくれた。その内容に、さすがのゾルゲも感動した。そこには、「ゾルゲ氏はあらゆる点で信用のおける人間です。思想的にも、人間的にも」(5)と認めてあった。

七月三日になるとゾルゲは、いつまでもライオンの檻《おり》の中でうろついているのは危険だと思い始めた。

「当地における今日の混乱状態の中で、小生に注目が集まってまいりました」彼はモスクワへそう知らせた。

彼はベルリンから、ニューヨーク及びヴァンクーヴァー経由で日本へ向かう予定だった。出発に先立ち、第四本部にドイツ滞在二カ月間の報告を行った。

残念ながら、小生は目標を百パーセント達成したとは言いきれません。当地には、小生の手にあまる問題が多すぎました。しかし当地にこれ以上滞在し、他の新聞社から信任状を入手するのは無意味かと考えます。当面、これまでの成果で満足しなければならないでしょう。これ以上活動を遅らせるのは、いかがなものでしょうか？　早々に、任務に取りかからせていただきたいと思います。ともかく、今後の任務に必要なものはおおかた入手したことだけは、誓って断言できます。（6）

（1）『現代史資料』第一巻　三四七〜八頁《ページ》
（2）同右　一八〇頁（ゾルゲの回想録）を会話体に翻案。
（3）同右
（4）ナチス政権下でリベラルな新聞がいつまで継続できるか、二人とも気にはしながらも予測できなかった。同紙は一九三三年十二月に廃刊とされた。
（5）『現代史資料』第一巻　二二九頁
（6）『プラウダ』紙　一九六四年十月十日付、モスクワ

第二部

六　昭和八年（一九三三年）九月――なくてはならぬ存在

昭和八年（一九三三年）九月六日の午後一時、カナダの太平洋横断旅客船〈ロシアの女帝《エンプレス・オブ・ロシア》〉号が横浜へ入港した。船が東京湾を通過する最終航行は、ひどくのろのろしていた。大型台風の去りぎわのひとあおりで、水面がひどく波立っていたのだ。だがすでに空は澄みわたり、ちぎれ雲がわずかに浮かんでいるだけだった。

埠《ふ》頭《とう》に向かう下船客は、日本の残暑特有のむっとする熱気に包まれた。

恒例により翌日の『ジャパン・アドバタイザー』紙に、船の乗客名簿が掲載された。同紙の読者は、狭い外国人社会へ出入りする者にたえず好奇の目を光らせていた。名簿の中に〈R・ゾルゲ〉なる名前があった。この名前に関心を寄せる者は一人もいなかった。

リヒアルト・ゾルゲは、ドイツ帝国発行の正式なパスポートを持参し本名で来日した。しかし秘密活動の内輪の用語によれば、あくまで〈もぐり〉の渡来だった。東京にあるソ連の合法組織の中にも、さまざまな装《よそお》いのもとで諜報《ちょうほう》活動を行っている者はいた。だがゾルゲは彼らと異なり、外交的特権に何ら庇護《ひご》されていない。日本における彼の活動の成否及び生命の安否は、ひとえにたくみな偽装と諜報技術にかかっていた。それらは、コミンテルン諜報部員としてのヨーロッパにおける長年の経験、及び赤軍諜報部員としての中国における活躍で磨きあげられていた。

この後、ゾルゲが十年以上滞在することになる日本について、昭和八年、鉄道省線の案内書に、次のような興味深いことが記されていた。

日本はきわめて不思議な国である。この国は封建制の衣装をまとったまま近代世界に登場し、大国の地位まで上りつめた。これはいまだに世界のナゾとされ、論議の的となっている。日本はアジア大陸東岸に横たわる島国で、北は千島列島から南はフォルモッサ（台湾）に至る、二千九百マイルの長さに及んでいる。

しかし日本は、いまだ完全には近代化していなかった。西欧人にとってはそれが魅力だった。路面電車やエンタク（訳注。一円タクシー）が走る一方、人力車も残っている。銀座通りには、着物姿の女性にまじって〈モガ〉もけっこう目についた。モガとは〈モダンガール〉の略で、すそが膝《ひざ》までしかないミニスカートをはいた女性のことだ。こんな大胆なかっこうは、それまでの日本ではまず見られないものだった。大正の終りごろから、伝統的な三味線音楽にまじり、ジャズやタンゴといった耳新しい舶来音楽も演奏されるようになった。

欧化の波により、飛行機、水道設備、それにトマトケチャップまでもたらされた。斬新《ざんしん》な民主主義も流入した。だが昭和初期の日本には、政治は大衆の意志を反映するものという理念は、まだ根づいていなかった。

西欧の作家にとって、日本国民は片足は過去に片足は現在に置いて生活している、と書くことが一種の常套《じょうとう》手段となった。

ドイツ人記者フリードリッヒ・シーブルクは、その旅行記で次のように記している。

日本人は、封建的でありかつ近代的である。あらゆる面について言えることだが、彼らは二つの時代を同時に生きている。日本はいまだに、不揃《ふぞろ》いの二本の足でぎくしゃくと歩いている。それを自ら堂々と公言してはばからないのだ。その開け放しの態度には啞然《あぜん》とせざるをえない。（1）

フリードリッヒ・シーブルクは昭和十三年に来日し、しばらくゾルゲに日本を案内してもらったことがある。そのとき、この国における新しいものと旧《ふる》いものとの混在に強い印象を受けた。ある日皇居前広場へ出かけたとき、日本人が天皇つまり現人神《あらひとがみ》である絶対者に、心から忠節と敬慕の念を抱いている光景を目にした。

日本人は皇居に向かって、両腕を体の両脇《りょうわき》へぴたりとつけ、地面につくほど深々と頭をさげる。すべての者がこのようにする。通行人、学校の児童、買い物に出た主婦、東京見物に来た一家、そこへ着いたばかりの農民、休暇中の兵士、翌日出征する兵士など、一人として例外はない。

日本国民の間には、政治は天皇の尊い意志を反映するもの、という信念が深く浸透していた。指導層は民主主義を、天皇を頭に頂く現体制に抵触しないかぎりで容認した。しかし頑迷な保守主義者は、イギリスをモデルとした開放的な民主主義や主権在民思想の要求に警戒心を強めていた。それは彼らにとって、ロシア革命の影響で流入した社会主義やマルクス主義と変わりない危険思想であった。

大正十四年、危険思想を取り締まる苛酷《かこく》な法が制定された。それは、天皇制を基軸とした日本式の国家形態〈国体〉に危害を及ぼす、あらゆる人間に適用された。しかし、治安維持法と呼ばれるこの法の適用対象は、コミュニストやアナーキストばかりではなかった。官僚も警察も政治家も、これを用いてクリスチャンや平和主義者まで抑圧した。これ以後二十年間、この法はあらゆる〈思想犯〉取締りの武器となる。それは実際には、日本の軍事拡張策に対する反対論者の弾圧を主な目的とするものであった。

ゾルゲが来日したころには、束《つか》の間《ま》花開いた民主主義は、すっかり萎《しぼ》んでしまっていた。昭和七年に起きた、総理大臣、前大蔵大臣、実業界重鎮の暗殺事件（訳注。血盟団事件、五・一五事件の両方を指す）により、議会政治は事実上終焉《しゅうえん》した。法治体制は崩壊し、軍指導部が意思決定権を収奪した。それは昭和六年の満州略奪と、まさしく同じ軌跡を描いていた。（2）

日本政治の決定的弱点は、陸相及び海相に現役将校をあてる慣習にあった。それが、軍が内閣で実権を握る温床となっていたのだ。

日本政府内で軍の発言力が強化されるにつれて、スターリンはますます警戒心を強めた。彼は、日本軍部の狂信者が健全な思想の持ち主を駆逐し、ソ連侵攻を早めるにちがいないという懸念《けねん》に取りつかれていた。それは、新たな大戦の悪《あ》しき予感にほかならなかった。

昭和八年九月七日、ゾルゲの横浜入港の翌日、駐日アメリカ大使ジョーゼフ・グルーは、日本のロシア侵攻のうわさが囁《ささや》かれている、と日記に記した。さらに昭和九年二月八日には、こうも記している。

日本軍部は、ウラジオストック、沿海州、バイカル湖までの領域全十を、占拠する自信を持っている。（3）

この厳しい環境のもとで諜報網を確立するのは至難のわざだった。とりわけ外国人には、不利がつきまとっていた。彼らはすぐ目につき、警察にきびしくマークされたのだ。〈外人〉はよそ者であり、由々しき病原菌であった。外国人が入り交じった国際都市上海《シャンハイ》と異なり、当時の日本には、全国でも八千人前後の欧米人がいるにすぎなかった。

スパイに対する日本人の過敏反応は、アルブレヒト・ハウスホファーが、ナチス副党首ルドルフ・ヘスの助力を得てまとめた報告書の主要テーマであった。アルブレヒトは、ゾルゲがミュンヘンで訪れた高名な学者の息子である。ゾルゲが、この報告書に目を通したことは十分考えられる。そこに、次のような興味深い一節があった。

日本人すべてが、国外ではスパイであり国内ではスパイ追跡者である。スパイに対するこの異常に神経質な感情は、日本人の心に深く染《し》みついたものだ。（4）

四六時中スパイを意識し、外国人に本能的な警戒心を抱いている国で、ゾルゲの活動の成否は、いかにたくみに社会的地位と権威で武装するかにかかっていた。すでに中国で日本人と接して気づいていたことだが、日本人は内容より形式を重んずる国民だった。日本の外務省に出向いたとき、彼は情報部（Press Section）宛《あ》ての紹介状を携えていた。それは駐米日本大使、出淵勝次《でぶちかつじ》の認《したた》めてくれたものだ。ゾルゲは丁寧に紹介状を差し出し、その場で外国人通信員としての身分証明書の発行を申請した。だがゾルゲは、日本の官僚が自分を見る目は、ドイツ大使館の自分に対する評価に左右されると踏んでいた。

ドイツ大使館の信用が得られたら、わたしは日本人にもっと信用されるだろう。

そして大使館は、わたしにかかるかもしれないさまざまな疑惑に対し、防波堤となってくれるだろうと考えた。（5）

さらに上海における経験により、祖国を遠く離れたドイツ在外公館では警戒が比較的緩やかで、遠隔地に赴任している外交官も武官も、博識で人をそらさぬ同胞を普通なら歓迎することがわかっていた。

日本へ来て思い出したのは、中国で諜報活動を行った際、上海総領事館及び南京《ナンキン》政府のドイツ人軍事顧問に接触して成功したことだ。それでわたしは、日本においてもまず駐日ドイツ大使館を足がかりに活動を開始することにした。（6）

ベルジン大将も、ドイツ大使館に潜入する必要性を強調していた。ロシア人は、日本とドイツが接近しつつあると確信しており、それがソ連挟撃同盟に発展することを懸念していたのだ。ゾルゲの任務の一つは、この不穏な動きを探ることにあった。そのためにはドイツ大使館員の全幅の信頼を得て、普通ならジャーナリストになど絶対漏らさない極秘情報を、何としても訊《き》き出さなければならない。

来日三日目、ゾルゲは逗留《とうりゅう》先の赤坂山王ホテルを出てドイツ大使館に向かい、母国からの新来者として正式に登録した。

当時のドイツ大使館は、皇居を正面に見ることの出来る気持ちのよい高台にあった。昭和八年にあっては上品な建物で、ゾルゲが訪問したころ働いていたのは、臨時代理大使と五人の外交官、そして二人の大使館付き武官、二人のタイピストだけだった。新任大使ヘルベルト・フォン・ディルクセンは、十二月にならないと到着しないということであった。

ゾルゲは『ツァイトシュリフト・フュル・ゲオポリティーク』誌の編集長の紹介状を、二人の館員に差し出した。大使館付き参事官カール・クノールと書記官ハッソー・フォン・エッツドルフである。二人とも元ドイツ軍兵士であった。ゾルゲは戦時中の体験を通してこの二人と親しくなった。それは、偽りの人間関係を築くという困難な任務にとって、幸先《さいさき》のよいスタートであった。

その年の秋、名古屋へ出向いた。当時名古屋へ行くには、東京から最も速い特別急行列車で五時間二十分ほどかかった。オイゲン・オット中佐は野砲兵第三連隊の日独連絡将校で、日本軍の諜報組織を研究していた。(7)

オットは当時四十四歳だった。見るからに軍人そのもので、背筋をぴんと伸ばし、物腰はいかめしく、花崗岩《かこうがん》の切り出しのように角ばった顔の男だった。まさに典型的なプロイセンの将校であったが、実は彼はプロイセンに比べるとずっとのんびりした、スワービアの出だった。

オットは名古屋でひと夏をすごしていた。名古屋は至るところに瀬戸物と生糸の工場が建ちならび、悪臭を放つ煙突が林立する殺風景な工業都市だった。外国人の姿はほとんど見あたらない。オットは東京からの訪問者を心からねぎらった。ドクター・ゾルゲは彼より六歳年下だが、機知に富み、人をそらさず、彼と同じチェスの愛好家だった。これを彼は喜んだ。そのうえ、はじめて来日したわりには日本の政治情勢に詳しかった。

ゾルゲの輝かしい軍歴はここでも役立ち、おかげで二人の間にたちまち信頼と理解の空気が生まれた。ゾルゲは逮捕されたとき、自分とオットとの強いきずなを強調している。

二人の間にそれだけ強いきずなが生まれたのは、第一次世界大戦にドイツの一兵士として参加し負傷した、わたしの経歴のためだった。オットもその戦争に、若手

将校として服務していた。(8)

むろんオットも、ゾルゲに対して初めはいくらか身構えたことだろうが、それも親友ドクター・ツェラーの推薦状によって氷解した。「ゾルゲ氏はあらゆる点で信用のおける人間です」

ほどなくゾルゲは、オットの妻子と顔を合わせる。ある日、彼は一人で稲田に囲まれたいなかへハイキングに出かけた。空はまっ青に澄みわたり、日本人独特の表現で〈日本晴れ〉と呼ばれる快晴の日だった。

途中で車が近づいてきた。オットの運転する車で、背の高い西欧婦人と幼い二人の子どもが同乗していた。オットと夫人が車をおりて彼に挨拶《あいさつ》した。

「家内のヘルマです。それから——」オットはそう言って、車を這《は》いおりていた女の子を指さした。「娘のウーリです。これが息子のポドヴィック」

ヘルマは二人の男より背が高かった。さらに驚かされたのは、髪は老人のようにまっ白なのに、顔は娘のようになめらかでつやつやしており、とても四十歳そこそこには見えないことだった。

「こんにちは、ウーリ。いま、いくつ？」ゾルゲは、金髪を短いおさげに編んだかわいらしい娘に訊いた。ウーリは内気そうに目をそらした。だが、自分の顔の前までしゃがみこんだその男はやさしい笑みを浮かべ、話し方も穏やかで少しもこわくない。

「七つよ。これはおにいちゃん。おにいちゃんは、おっきいのよ。十一だもん」

　ゾルゲは持ち前の集中力で日本研究に精力を注いだ。とりわけ力を入れたのは、文学、歴史、米食文化だった。それが日本人の伝統精神、〈大和魂〉を理解するカギと考えたのだ。彼の目標は、〈日本ケナー〉つまり日本に関するオーソリティとなることだった。

　この熱心な研究の結果、彼はドイツ大使館で指導的立場に立つようになる。『獄中手記』には、そのことがはっきり記されている。


　こうした知識がなければ、つまり詳しい日本研究がなければ、大使館員の誰一人として、わたしとさまざまな問題を討論したり、機密事項についてわたしに相談をもちかけたりはしなかったであろう。（9）

年末近くには、『テークリッヒェ・ルンドシャウ』紙に、日本に関する最初の政治記事を寄稿できるだけの自信をつけた。彼の話では、それは「ドイツ人に大好評」で、大使館内での彼の評価はますます高まった。

とはいえ、来日して数ヵ月も経《た》たないこの時期、彼の日本に関する知識はたかが知れたものだった。しかし生来のあくの強さで、彼は自分をすぐれた知恵者として印象づけた。もともと彼には、どこか教祖的な面があった。自信に満ちた重々しい口調で、到着して日が浅い不可解な国のことを〈説いて聞かせた〉のだ。何ごとも、驚くほど短期間で洞察する点に彼の強みがあった。まもなく彼は、複雑な日本政治の深部にメスを入れたジャーナリストとして知られるようになる。

十二月に、日本における最高責任者として到着したヘルベルト・フォン・ディルクセン大使も、ゾルゲの頭脳を頼りにした。これは異例のことだった。傲慢《ごうまん》で口の重いこの大使は、本来ジャーナリストごときを信用する人間ではなかったのだ。

翌九年秋には、大使館に足場を築くという当初の目標はほぼ達成していた。来日して一年足らずで、「わたしは大使館内で、なくてはならぬ存在と見なされるようになった」のである。(10)

こうして第四本部は、東京のナチスの要塞《ようさい》に目と耳を持つこととなる。ソヴィエトの戦略構想にとって、貴重な機密情報に接触できるようになった。だがゾルゲは、この初期段階においてはあくまで慎重に活動の足場がために終始し、モスクリに送る情報の入手という本来の使命を決して急がなかった。日本での初期の活動のもようを、後年次のように記している。

わたしが当初目ざしていたのは、ドイツ大使館へたくみに食いこみ、館員の完全な信用を得ることだった。やがて、その後の諜報《ちょうほう》活動の基盤を築きあげた。一度この基盤ができたら、あとはその上に立って活動に専念すればよかった。(11)

東京における最初の行動は、国家社会主義党すなわちナチスへの入党であった。彼はあえて日本で入党の申しこみをしたのだ。党員証によると、昭和九年十月一日に認可がおりている。党員番号は二七五一四六六番。ベルリン本部でひととおりの身元調査が行われたが、疑わしい要素は何も出なかった。

ナチス入党は賢明な自衛策だった。当時の在日ドイツ人社会は、必ずしもナチス一色でかたまっていたわけではなく、ユダヤ人も大勢いたしヒトラーに批判的な気骨のある者も少なくなかった。とはいえ、ナチスは海外在留のドイツ人をしっかり掌握しており、とりわけドイツ大使館には生粋《きっすい》の党員が少なからず送りこまれていた。彼らはナチス記念祭には褐色のシャツに身を包み、〈総統万歳〉を大声で繰り返した。
昭和九年一月、あるイギリス外交官夫人はこう述べている。

ドイツ大使館は、愚かしいまでにナチス一色に染まっていた。館員たちは、旧知の者が休暇あけの挨拶にと花束を届けてくれようが、相手がユダヤ人なら礼一つ言わなかった。(12)

ナチスのバッジを背広に付けることで、ゾルゲはドイツ大使館に完全に受け入れられた。ところで、彼が偽装のためにたくみな演技をし、ナチスになりきったという説がある。しかし実際には、自分が盲目的なナチス信者でないことを、ドイツ人の間で公然と見せつけて、ナチス及びその幹部に対する批判をたびたび口にしていたのだ。
大使館のある上級館員はこう述べている。

ゾルゲは、国家社会主義党に対する嫌悪感《けんおかん》を隠さなかった。（13）

逮捕後ゾルゲは、オットは自分がヒトラーに絶対服従はしていないことをよく知っていた、と述べている。

オット大使は、わたしが思想的にも生活態度においても、ナチスに全面的に同調しているとは信じていなかった。（14）

ゾルゲが辛辣《しんらつ》なナチス批判をしても、何ら不都合は生じなかった。それはほとんどの場合、彼の個人主義と、いくらかの変人ぶりと、開け放しな性格の証拠としか見られなかった。この率直さは、大使館では異色のものだった。大抵の館員は、余計なことを口にして秘密警察のイヌに聞き咎《とが》められることを恐れ、口をかたく閉ざしていたのだ。〈ナチスの演技をすること〉など、ゾルゲにはおよそ似合わない。彼は自分の地でいき、それが逆に完璧《かんぺき》な偽装となった。

在日ドイツ人社会で地位のある人たちは、ゾルゲのような男こそナチス日本支部の指導者としてふさわしい、と考えていた。取調べ官の前でゾルゲは、ナチスからある勧誘があったことを、いかにも愉快そうに回想している。

一度、こんなことがあった。一九三四年(昭和九年)、ナチスの東京支部長が帰国したときのことだ。そのためにしばらく責任者不在の状態が続いた。そのとき、わたしに後任になってくれという話がきたのだ。内心とんでもないことだと思ったが、ともかく当時大使館付き陸軍武官となっていたオットのところへ相談にいった。彼はその話をディルクセン大使のところへ持っていった。やがて二人が言うには、依頼を引き受けたらどうか、ということだった。それでナチスは、いちばん頼りになる指導者を得たことになる、というのだ。(15)

ゾルゲはこのことを、自分が大使館内でいかに尊重されていたかの例として話した。彼の自由奔放な態度が高く買われていた一例である。

これはちょっとしたエピソードである。だが、わたしがオットやディルクセンに、非常に好意を持たれていたことは、これでわかることと思う。むろん、少し変わったやつだ、という気持ちもこめてではあるが。

わたしは、オット大使や大使館員から、『フランクフルター・ツァイトゥング』紙のやり手記者であるとともに、かなりの変わり者と見られていた。そしてすでに述べたとおり、この変わり者のおかげで、つまり日本研究に熱心で世俗的野心のかけらもない人物であると思われていたがために、あれだけの信用も勝ち得たのだ。（16）

これらにより、ゾルゲが自分をどう見ていたか、周囲の者がゾルゲをどう見ていたかが明らかとなる。

ゾルゲはナチスの東京支部の責任者（ライター）となることは賢明にも断ったが、別の方面で協力せざるをえなくなった。在日ドイツ人社会ではときどき政治研究会を開いていたが、ゾルゲはそこの講師として招《よ》ばれるようになったのだ。あるとき彼は、コミンテルンを講義のテーマに取りあげた。残念ながら、この話の内容は残っていない。しかしゾルゲは、ソ連諜報員がナチスの一途《いちず》な信奉者を前に、コミンテルンが革命を世界に伝播《でんぱ》させる技術を語るおかしななりゆきを、ひどくおもしろがっていたようだ。何しろその技術は、彼自身が身をもって駆使してきたものなのだから。（17）

（1）フリードリッヒ・シーブルク“Die Stahlerne Blume”
（2）ポール・ジョンソン“A History of the Modern World”
（3）ジョーゼフ・グルー“Ten Years In Japan”
（4）ロナルド・セス“Secret Servants”　セスはこの報告を、ヘス一人でまとめたとしているが、他の研究者は共同作業とみている。
（5）『現代史資料』第一巻　二二七頁《ページ》
（6）同　右
（7）一九三〇年代の初め、オットがドイツ軍部内で危険な陰謀に荷担していたのはまちがいない。彼がヒトラーの台頭に反対したという証拠はない。だがヒトラーが三三年に政権を握ると、ドイツ軍最高司令部にいた友人が、ベルリンからできるだけ離れるよう彼に示唆《しさ》した。
（8）『現代史資料』第一巻　二三〇頁
（9）ゾルゲ『獄中手記』
（10）『現代史資料』第二四巻　一四一頁
（11）同　右　第一巻　二二七頁
（12）キャサリン・サンソム“Sir George Sansom and Japan ; a memoir”

(13) エーリッヒ・コルト "Nicht aus den Akten"
(14) 『現代史資料』第一巻　一二三五頁
(15) 同　右
(16) 同　右
(17) エルヴィン・ヴィッカートからの手紙。

七　昭和八年十月――東京諜報網《ちょうほうもう》の基盤整備

その年の十月、暗号名〈ベルンハルト〉という無線技師が、第四本部から送りこまれてきた。ゾルゲは帝国ホテルのロビーで、彼とその妻に会った。モスクワとの無線通信は早急に開始してほしい、とゾルゲは言った。だがその前に〈ベルンハルト〉は、商売人としての偽装をし、無線装置を一人で組み立てなければならなかった。

それより先に、もう一人の同志が東京に到着し、あらかじめ決められた方法で誰かが接触してくるのを、いまかいまかと待っていた。

ブランコ・ド・ヴーケリッチは、昭和八年二月十一日、デンマーク人の妻エディットとともに横浜へ到着した。マルセーユから六週間の船旅だった。夫妻は一歳の息子ポールを、デンマークのエディットの母親にあずけてきた。二人とも、二年以内にはフランスに戻るつもりだった。

ヴーケリッチは当時二十八歳であった。やせて髪が薄くなりかかり、細い鉄縁の眼鏡をかけた、クロアチア出身のユーゴスラヴィア人である。当時彼はパリで暮らし、政治談義に熱中していた。セーヌ川左岸のカフェにたむろし、タバコとコーヒーを飲みながら口角泡を飛ばして新しい世界の建設を語り合う、無数の若い知識人の一人だった。だが前の年、彼には自分の理想を実行に移すチャンスが与えられた。オルガと名乗る〈きびきびして精力的な〉女性から、コミンテルンのため諜報活動を行う話をもちかけられたのだ。

初めヴーケリッチはこの話を断った。自分は生粋《きっすい》の共産主義者ではない。そんな任務にはとても向かない。赤軍の元大尉《たいい》だというオルガは、取り合わなかった。

「スパイだなんて。ぼくの軍歴といえば、兵営で四カ月すごしただけですよ」ヴーケリッチは言った。彼の父はれっきとした軍人であったが、彼自身はきわめて個人主義的な性格のため、軍隊の規律になじめなかった。

「わたしたちの仕事はね、オッペンハイム（訳注。イギリスの作家）の推理小説に出てくるようなスパイとはちがうのよ」オルガは彼を安心させるように言った。それはソ連を戦争から守り、揺るぎない社会主義国家を建設することだ。そしてその国家を、資本主義のいかなる干渉にも屈しないほど強固にすることだ、とオルガは強調した。

ヴーケリッチは納得した。刑務所において、彼はその理由を述べている。

たとえわれわれの時代に世界革命が実現しなくとも、少なくとも社会主義存続のため、貴い闘いを続ける一つの国は残るでしょう。その国を通し、未来の世代に革命思想は受け継がれていくでしょう。（1）

彼には、モスクワ本部が日本へ送る人間として、自分に白羽の矢を立てた理由がわからなかった。最終的に日本行きが決まると、同志オルガは言った。「日本は景色がすばらしいそうよ。わたしが行きたいくらいだわ」

さらに彼女は、ヴーケリッチはコミンテルンの諜報員として単独で日本へおもむくのであり、ソ連大使館とはまったく無関係であることを、はっきり言い聞かせた。

わたしたちは情報収集のために、あなたみたいな若いコミュニストや外国にいるシンパを頼りにしているの。ソ連大使館は、警察にきびしくマークされているわ。いったん事が起きてそれにコミンテルンがからんでいるとなったら、ソ連の立場がむずかしくなるでしょ。それにね、実をいうとソ連大使館とコミンテルンとは、必ずしも意見が一致していないのよ。

ブランコとエディットは、不安を山と抱えたまま地球の裏側へ向けて旅立った。日本という国はわけがわからない。仕事内容はさっぱり要領をえない。諜報員としての訓練は何一つ受けていない。おまけに、日本到着早々明らかになったのは、活動資金も十分ではないことだった。一日や二日の滞在ではないのに、彼らの手にした費用では、ヨーロッパのごく普通の生活水準すら維持できない。準備不足は歴然としていた。ヴーケリッチは、コミンテルンが自分の考えていたほど強力な組織でないことを知ってショックを受けた。

彼は秘密活動の偽装として、日本のことを記事にする契約を、フランスの雑誌とユーゴスラヴィアの新聞と結んだ。これは、いかにも〈お粗末なカモフラージュ〉だった。それに、そこから得られる収入では家賃の足しにもならない。幸いエディットは体育教師の免状を持っていたので、東京の二つの学校でアルバイト口を見つけた。玉川学園と文化学院である。こうして十カ月の間、夫妻は何とかやりくりし、ようやくゾルゲと会って救われる始末だった。二人のアパートには、まず〈ベルンハルト〉が連絡に出向き、翌日ゾルゲが自ら足を運んだ。

ゾルゲは、この初対面のもようを後に述懐している。ヴーケリッチの様子は惨澹《さんたん》たるものだった。体をこわし、ホームシックにかかり、無一文であった。ゾルゲは諜報網のキャップではあるが、メンバーの選定に口を挟むことはできなかった。彼は、ヴーケリッチに決してよい印象を持たなかった。この男は口の軽い苦労知らずで、厳しい諜報員の任務にはとても耐えられそうにない。事実ヴーケリッチは、最後まで自分を〈余計者〉と見ていた。ゾルゲも彼を〈軽はずみな男〉と考えていた。

モスクワ出立前、ゾルゲはベルジンに、東京での任務には日本人同志が欠かせない、と訴えていた。このため、アメリカ西海岸の大規模な日本人社会から、一人の適任者が送りこまれた。彼は、十月二十四日に横浜へ到着した。宮城与徳《よとく》という三十歳の画家である。宮城は来日以来、毎日『ジャパン・アドバタイザー』紙の広告欄に入念に目を通していた。やがて十二月六日、あらかじめ決められた秘密の合図が〈購入品希望〉と朱書きされた下に現れた。

大家の手になる浮世絵及びその解説書を購入いたしたし。至急入手希望。

この広告はヴーケリッチが〈ボス〉ゾルゲの指示により、一行五銭で出したものだった。

　ヴーケリッチ同様宮城も、日本における活動をコミンテルンから指示された。活動内容の詳細は不明だった。彼はこの指示を、「コミンテルンの日系アメリカ人矢野勉と国籍不明の白人活動員」から受けた、と述べている。

　宮城は十六歳のとき、生まれ故郷の沖縄を出てアメリカへ向かった。そこで、職を求めて先に渡米していた父親のところへ身を寄せた。彼は絵画が好きで、サンディエゴ美術学校に入学して画家になる勉強をした。一九三一年、共産党へ入党する。コミュニズムこそこの世の不正を正し、人間平等の社会を実現するもの、という信念からだった。これは、彼の苦しい体験に根ざしていた。沖縄人の彼は、当時の日本人から一段低い存在と見られていたのだ。一方アメリカでは、東洋人はひどい差別を受けていた。

　しかし彼は、日本における共産主義活動の話に、すぐに飛びついたわけではない。彼は結核に冒されていた。その養生には、南カリフォルニアの乾いた気候が必要だった。加えて東京での任務が、単に非合法活動というだけでもう一つはっきりしないこともあった。「東京へ行ったら詳しいことがわかる。ひと月ぐらいの仕事だ」彼らが言ったのはそれだけだった。

宮城が、気乗りうすながらも日本へ発《た》ったのは七月のことだ。やがて十二月に、初めて自分の任務を知ることとなる。広告に返事を出した後、まず会ったのはヴーケリッチだった。二人とも本名は名乗らず、互いに持ち合った一ドル札の半片が合図だった。まもなく宮城はゾルゲに紹介される。上野の美術館の裏手で、ゾルゲは黒のネクタイ、宮城は青のネクタイを付けていた。

最初の顔合わせでは、ゾルゲはこの沖縄人の適性を値踏みし、任務に関してはほのめかし以上のことは言わなかった。

ゾルゲは、わたくしの任務が諜報活動だと、はっきりとは言いませんでした。その代わり、日本の政治及び軍事情勢に関する、わたくしの意見を求めました。彼は、自分はコミンテルンのメンバーだと言いました。でも、特に組織活動を手がけているようには見えませんでした。十二月のある日、わたくしは自分の任務がコミンテルンの諜報活動であることに気づきました。昭和九年一月、ゾルゲから彼のもとで働いてくれるよう頼まれました。わたくしは承諾いたしました。(2)

宮城は日本に何の愛着も抱いてはいなかったが、二つ返事でゾルゲに同意したわけではない。イヌにはなりたくなかったのだ。彼は、しばらく考えさせてくれと言った。

これは、アメリカにおける活動とはわけがちがいました。日本で諜報活動を行うとなると、わたくしの日本人としての立場はどうなるのだろうか？（3）

宮城が最終的に決心したのは、諜報活動の主眼は日本とソ連の戦争を防ぐことだという、ゾルゲの言葉に動かされたためだった。平和主義者であり理想主義者であった宮城は、この説得に抗《あらが》えなかった。それでもまだ彼は消極的で、この仕事には自分などより適切な者を早く探した方がよい、と述べている。ゾルゲは承知したが、代わりの人間は見つからなかった。おそらくゾルゲは、宮城を慎重で有能な男とすぐに見抜き、容易には手放せないと思ったのだろう。

こうしてわたくしは、諜報網に参加いたしました。むろんこの行為が日本の国法に抵触し、いずれは死刑になることも覚悟いたしておりました。（4）

画家宮城与徳は、以後二度とアメリカを見ることはなかった。

昭和八年十二月、ゾルゲは四カ月近く住んだホテルを引き払い、一軒の家を借りた。場所は東京麻布《あざぶ》区の閑静な住宅街、永坂町である。そこは東京市内では中流の住宅街だった。近所には、三井鉱山の技師と産業組合の事務員が住んでいた（5）。家は質素な木造の二階建てで、狭い囲い地にくっつくように建ちならんだ、三軒のうちの一軒であった。

隣の家とあまり接近していて、諜報活動にさしつかえる心配があった。だがゾルゲはいっこうに気にしなかった。ここを訪ねる者は、すぐそばの鳥居坂警察署から簡単に見ることができた。とりわけ二階は丸見えだった。この家はおよそスパイの隠れ家らしくない。それがゾルゲの付け目だった。

東京の外交官やビジネスマンの家のあるところに比べ、ここは落ちついた場所だった。それなりの不満はあったにせよ、ともかく逮捕されるまでの八年間、彼はここに腰を据えたのである。ゾルゲのドイツ人の友人は、この家は小さくて質素で、足の踏み場もないほど散らかっていた、と述べている。

日本の家屋はすべてそうだが、ここもせまいコンクリートの玄関土間が靴脱ぎ場となっていた。一階には八畳の居間、四畳半の食堂、そしてキッチン、風呂《ふろ》、便所があった。便所は、日本式の〈しゃがみ型〉だった。せまい階段が二階の廊下へ通じている。二階には書斎があり、そこは、本棚、書類棚、ソファ、大きな木製の机でほとんどいっぱいになっていた。八畳の間には絨毯《じゆうたん》が敷いてある。その隣に六畳の寝室。そこにはベッド代わりに〈敷き布団《ぶとん》〉が重ねてあった。(6)

天気の日には、二階の廊下に陽がたっぷりと差しこんだ。廊下の一角に電話があった。引き戸式の窓を開けると狭い木製のベランダ。そこへ彼は、植木鉢をいくつか置いていた。

ヘルマ・オットがここへ出入りするようになると、あまりに素通しな部屋を整えようとして、窓の寸法を計りそこへ花柄のカーテンを取り付けた。

ゾルゲはここで、きわめて規則正しい生活を送った。睡眠時間は短く、毎朝五時にはもう目を覚ました。起きるとすぐ、一階にある木製の風呂につかる。風呂から出ると勢いよくエキスパンダーで胸の体操。そのころには年配のメイドが朝食を作りに通ってくる。朝食後、アメリカ人の発行している『ジャパン・アドバタイザー』紙の一字一句に目を通す。それからタイプに向かい、午前中いっぱいをすごした。ヨーロッパを発つとき、彼はオランダの金融新聞『アルゲメーン・ハンデルシュブラット』紙と記事提供の契約をしていた。これは自由主義的新聞『テークリッヒェ・ルンドシャウ』紙が、一九三三年（昭和八年）十二月に廃刊となってからは、貴重な寄稿先であった。

昼食の後は、必ず毎日一時間の昼寝。やがて気分もすっきりすると外出する。外出先は決まって同盟通信社だった。同じビルにドイツ通信社も事務所をかまえていた。ドイツ大使館にも必ず顔を出した。ドイツ人クラブにもよく立ち寄った。そこの閲覧室で、母国の最近の新聞に目を通した。夕方五時すぎると帝国ホテルのバーへ向かい、夜にはあちこちのパーティ会場に現れた。それは、ドイツ人外交官やビジネスマンの憂《う》さ晴らしの場であった。

ゾルゲは才気煥発《かんぱつ》な座談家であり、胸のすく毒舌家だった。こういう人間は、この種のパーティでは人気者となる。祖国を離れたドイツ人の間で、彼は、変わり者、大酒飲み、女に目がない好き者として知られていた。また銀座の歓楽街の常連でもあった。その一つにフロリダ・ダンスホールがある。そこで、粋《いき》な夜会服を着た女の子とタンゴを踊った。さらに、シルバー・スリッパー、ラインゴールド、フリーダーマウスといったバーにもよく顔を出した。大酒飲みは、ジャーナリストの習性である。だが、ゾルゲの場合は度を越していた。

強度のアルコール中毒の症状が最初に現れたのは、東京でのことだ。ウラッハの話では、ゾルゲは飲むと酔っぱらいの特性すべてを現した。「まず笑い上戸《じょうご》。次に泣き上戸。やがて怒りっぽくなる。被害妄想、誇大妄想、幻覚症状、知覚麻痺《まひ》が現れ、ついに重苦しい二日酔いに陥る。二日酔いは、迎え酒でしか回復しなかった」（7）だが、ゾルゲとときどき夜更《よふ》けに飲んだことのあるアメリカ人記者は、ゾルゲがバーめぐりをし女あさりをするのも、「すべて計算ずくの見せかけである。彼はろくでなしの遊び人を装《よそお》い、抜け目なく、恐ろしいスパイとはまるで逆なイメージを作りあげようとしていたのだ」と述べている。（8）

日本の社会は閉鎖的で、さながら敵が近づくと身をすくめるイソギンチャクだった。外国人や局外者が、その重層的な社会の懐《ふところ》へ潜りこむのは容易なことではない。新聞にも載らない、政治的経済的重要情報に接することができるのは、相応の社会的立場に立つ人間にかぎられていた。日本で諜報網を整備するに際してゾルゲを悩ましたのは、そうした人物をどうして仲間に引き入れるかということだった。

宮城与徳は半生をアメリカですごし、日本における経歴を欠いていた。その彼に、排他的な指導層とのコネを求めるのはしょせん無理な話だ。だがゾルゲには、まったく心あたりがないわけではなかった。この溝を埋められる男が一人いる。尾崎秀実《ほつみ》。上海《シャンハイ》で自分をいろいろ手助けしてくれたあのジャーナリストだ。尾崎は一流大学出で、同じ大学を出ている日本の指導層と親交があり、容易に接触できた。そのうえ中国通としても名が売れている。政治事情に精通し、思想的にも申し分ない。さらに無視できないのは、彼が非合法の共産党員ではない点だ。ゾルゲは彼の援助をもう一度仰ぐことにした。

尾崎秀実は上海で波乱に富む四年間をすごした後、昭和七年二月にそこを引きあげ、『大阪朝日新聞』本社に席を置いていた。そして郊外に居をかまえ、妻子とともに静かな生活を送っていた。

昭和九年五月下旬のある日、見知らぬ男が新聞社に訪ねてきた。尾崎が三十三歳になったばかりのころのことだ。男は画家の南竜一と名乗り、ある外国人の使いで来たと告げた。その外国人は、あなたが上海で懇意にしていた人です。現在日本に来ていてあなたにしきりに会いたがっています。尾崎は警戒した。この男は、警察のまわし者ではなかろうか？

わたくしは初め、これはてっきり警察の放ったスパイで、上海におけるわたくしの活動を探りにきたものと考えました。(9)

だがしばらく話を交わしているうちに、尾崎は男のいう外国人が、〈ジョンソン〉の名で自分が知っている人間ではないかと気づいた。この予感は、その晩南竜一を中華料理店へ誘ってさらにいろいろ話しているうちに、確かなものとなった。南は好感のもてる人物で、やがて尾崎はすっかり安心しこの画家を自宅に招いた。彼が、南のいう外国人と会うことを承諾したのはそのときである。

彼はこう回想している。

後にわたくしは、南竜一が宮城与徳であり、彼がアメリカの共産党員であることを知りました。(10)

昭和九年六月初旬、リヒアルト・ゾルゲと尾崎秀実は奈良で再会した。場所は興福寺から猿沢池に通ずる石段であった。二人はまた会えたことを心から喜んだ。別れて二年以上が経《た》っていたのだ。

ゾルゲと尾崎は、上海で互いに尊敬を抱き合う仲だった。ゾルゲは、尾崎の政治的洞察力と中国に対する理解の深さに感服していた。一方日本のジャーナリストは、見《み》栄《え》もはったりもないゾルゲのすがすがしいまでの率直さに、心から親近感を抱いていた。ゾルゲには傲慢《ごうまん》さのかけらもなかった。それは上海で多くの西欧人が、日本人を始めアジア人の前であけすけに見せていた態度である。(11)

二人は、大きな楕円形《だえんけい》の池のほとりで語り合った。水面には目の前にそびえる興福寺の五重の塔が映っており、周囲には観光客が群がっている。六月初旬の関西地方は、雲一つなく気持ちよい快晴の日々が続いていた。

あちこちの寺をうやうやしげに眺めている日本人観光客の中にも、この味わい深い町の歴史について、ゾルゲほど詳しい者はいなかった。ゾルゲの考えでは、千二百年むかしの奈良時代は、日本人の最高最善の能力が開花した時代であった。あるいは、これほどの時代は二度と現れないかもしれない。そのとき、彫刻家、画家、建築家、歌人たちによる、芸術性の高い美が創造された。歌人たちの哀切な思いを収録した『万葉集』に、翻訳を通してとはいえゾルゲは深い感動を覚えていた。

池に沿って小道がうねっている。道はふしくれだった柳並木の後ろへ入り、二人の男はそこをゆっくり歩きながら語らい続けた。池のほとりにこぢんまりした茶店があった。そこは、池の水をかすめてくるそよ風でとても涼しい。二人は茶店に腰をおろした。舞台装置が整った。ここで尾崎は、ゾルゲの申し出に応《こた》えて自己の運命を決する言葉を発したのである。

ゾルゲは言った。

実は頼みがある。日本の状況について、いろいろおしえてほしい。こんどは中国のことではなく、日本のことだ。政治、経済、軍事情勢について、できればきみの意見を添えて知らせてほしい。

尾崎は答えた。「ぼくにできることなら、何でもするよ」(12)

尾崎の供述を読むかぎり、結論はその場で出たことになっている。彼はゾルゲに、考えさせてくれ、とすら言っていない。

わたくしはゾルゲから、日本における彼の諜報《ちょうほう》活動に協力してほしい旨《むね》の依頼を受けました。それで彼の申し出を快く受け入れ、彼とともに諜報活動に従事する決

心をいたしました。(13)

尾崎の〈即答〉に、疑問を抱く日本の学者は少なくない。尾崎ほどの知識人で、社会的にも恵まれた地位にある人間が、なぜ二つ返事でゾルゲの依頼を引き受けたのか? なぜ良心の咎《とが》め一つ感じなかったのか? 彼らは、尾崎が拷問《ごうもん》を受け、ソ連のための諜報活動に進んで手を染めたと言うように、強制されたのではないかと疑っているのだ。

この真相解明は不可能に近い。尾崎の決断は祖国に対する反逆者となることだ。しかし資料で見るかぎり、彼は誰からも強要されることなく、進んでゾルゲの諜報網に参加している。この究極の決断には、通常の理解水準を超えた豪胆さと幅広い展望が必要だったはずである。

尾崎ほど家庭を大事にし、よい身分を保証された人間が、なぜ「困難ばかり多く一文の得にもならぬ仕事」と、自ら承知している道を選んだのか?

それを解くカギは、彼の生い立ちに隠れていそうである。尾崎秀実は明治三十四年(一九〇一年)五月一日、東京の貧しい家庭に生まれた。彼が生まれるとまもなく、一家は当時の日本の植民地台湾へ渡った。そこで彼は、植民地を支配する特権階級の一員として成長した。

大正八年、東京の第一高等学校（一高）へ入学、十一年東京帝国大学へ進学する。翌十二年、結成されたばかりの日本共産党員の一斉検挙が行われた。共産主義者、労働者が大量に起訴されたのだ。尾崎はこれに強い衝撃を受け政治意識に目ざめた。帝大在学中に社会科学研究会に参加、マルクス主義に傾倒する。昭和三年、共産党及びそのシンパに対する大弾圧、いわゆる三・一五事件が発生。だがそのころには、彼はコミュニストとして明確な自覚を抱いていた。同時にこの事件により、表だって党と関係を持つのは賢明でないことを悟った。

『大阪朝日新聞』の若手特派員として上海に滞在中、中国共産党の活動に共鳴する。そこで発生した満州事変と上海事変（第一次）は、彼の思想形成に大きな影響を及ぼした。

ソ連との国境線満州における、サーベルの音もけたたましい日本軍進撃の報に接し、自分のなすべきことを自覚する。世界革命の実現を信奉する者にとって、ロシア革命を、そのもっとも好戦的な敵日本から防衛することこそ緊急課題であった。

逮捕後彼は、ゾルゲと歩みをともにするようになった動機について語っている。

わたくしは、われわれの活動全般を通し、何よりも重要な課題はソ連の防衛であると考えました。そのためになさねばならないのは、日本内部の正確な実情をコミンテルンあるいはソ連政府に知らせることでした。それは日本が、ソ連にとって最強の敵であったためです。それにより、ソ連は日本への対応策を図ることができるでしょう。本来それを支援すべき日本共産党は当時壊滅状態で、なきに等しいほど無力な存在と化してしまっておりました。

わたくしは日本でコミュニストとなり、困難ばかり多く一文の得にもならぬ仕事に従事する自分を、ひそかに誇りに思っておりました。(14)

上海滞在中、尾崎はアグネス・スメドレーと同じく、ゾルゲをコミンテルンの一員と考えていた。ゾルゲは尾崎に、自分がコミンテルンの登録〈メンバー〉であると思わせ、それで彼をあおっていたふしがある。

課報活動に従事していた数年間、尾崎はゾルゲが赤軍第四本部の活動員であることに一度として気づかなかった。実際には一九三五年(昭和十年)、第四本部の諜報員名簿に、彼は東京の主要メンバーとして登録されていた。それはゾルゲの申請によるものである。

ゾルゲもその上司も、ロシア人ならともかく外国の共産主義者には、第四本部よりコミンテルンの方が重視されることを知っていた。それで、尾崎を始め宮城にもヴーケリッチにも、あえて事実を明かさなかったのである。

奈良における再会においても、尾崎はゾルゲの本名を知らされなかった。彼はまだゾルゲを〈ジョンソン〉あるいは〈ジョン〉なるアメリカ人と信じていた。彼がゾルゲの本名を知ったのはかなり後のことである。

（15）

昭和十年ころ、わたくしはジョン本人から、彼の父母はドイツ人とロシア人だと聞きました。それで、彼は独露両国の国籍を持つ人間なのだと考えておりました。

昭和十一年九月、彼は初めてゾルゲの本名を、それも偶然に知った。あるとき帝国ホテルでレセプションが開かれ、それに二人とも出席した。そこで尾崎は出席者の一人から、自分が五年以上も付き合ってきた男を紹介された。「こちらが、ドイツの新聞記者ドクター・ゾルゲです」

オイゲン・オットは、昭和九年四月、大使館付き上級武官となり大佐に昇進した。一家は名古屋を離れ、東京へ出られることに大喜びした。東京には、楽しいことがたくさん待っているにちがいない。やがて青山七丁目にあるつつましい木造家屋に移った。そこは芝生が生え、木々にかこまれた閑静な場所でありながら、渋谷の繁華街が目と鼻の先にあるところだった。ウーリはここで、アメリカ、ヨーロッパの大使館員やビジネスマンの子どもと楽しく遊びまわった。そうした友だちの中にユダヤ人の男の子がいた。そんなことが自由にできたのも、昭和十一年までのことだ。それ以後、ゲシュタポの監視がきわめて厳しくなったのである。

ゾルゲはオット家の常客となった。毎晩七時ごろ帝国ホテルを出ると、購入したてのオートバイを飛ばし青山通りを抜けてやって来る。ゾルゲはよくそこで夕食を出してもらい、それからオットと夜更けまでチェスに興じた。コニャックを飲みながら、本国のヒトラー革命について語り合うこともしばしばだった。こうしてくつろいだ中で、台頭しつつある日本軍部や日本の政党政治家の無能ぶりについて、数々の情報交換がなされた。オットは日本軍の内情に通じ、個人的にも多くの有力な中堅将校と知り合いだった。親独家でヒトラー崇拝者の大島浩大佐、諜報活動の責任者で政略家の土肥原《どいはら》賢二大佐といった面々である。

ここでの話は口外禁止のものだった。オットは、ゾルゲの分別を信用していたからこそそれを打ち明けた。ゾルゲの方もそれなりの見返りを与えた。日本の政治外交の動向について鋭い分析を行ったのだ。それは旺盛《おうせい》な読書と、諜報活動への専心の成果だった。昭和十年代初めごろからは、これを尾崎の洞察が補塡《ほてん》するようになる。オットはゾルゲを並のジャーナリストとは見ていなかった。オットにとってゾルゲは学問的な関心を持つ鋭い観察者であり、日本の政治情勢のすぐれた認識者であった。

ゾルゲが竹のカーテンの内側にこれだけ深く潜入できたのも、彼の日本語の能力のせいだろうとオットは考えていた。だが実は、ゾルゲの日本語学習は時間もないままなおざりとなり、初心者の域を出ていなかった。

昭和九年秋の初め、オットは満州視察旅行の命を受けると、ゾルゲに同行を求めた。それは、ディルクセン大使も承認済みのことだった。こうした依頼を受けるのも、ゾルゲがオットにいかに信頼されていたかの証《あか》しである。彼はそれを、来日一年そこそこで勝ち得たのだ。

この旅行により、満州国建設に関する日本の膨大な軍事経済情報が入手できた。そればかりか、この広大な地域を占拠している関東軍兵士の何人かとも有益な交流ができた。帰国後ゾルゲは、満州情勢を大部の報告書にまとめた。オットはこれにひどく感服し、ベルリン司令部に送付した。それは大好評をはくし、ゾルゲはベルリンから、さらに徹底した日本研究をするよう特別の委任を受けた。ドイツ大使館及びベルリン参謀本部における、彼の評価はますます高まった。

オット一家にとって、ゾルゲは家族の一員となった。ウーリには「リヒアルトおじちゃん」だった。この関係はあまり緊密になりすぎた。ゾルゲとヘルマとの間に不倫関係が発生する。それにオットが気づく。いずれも成るべくして成った事態である。ヘルマはもう長いこと、結婚生活に何の喜びも見出《みいだ》せなくなっていた。一九三〇年代の初めから、夫婦はベッドを別々にしていたのである。(16)

オットとこれだけ親交を深めたことは、諜報活動にとって金脈を発見したにも等しいものだった。ゾルゲの性的不始末は、それを無にしてしまいかねなかった。彼はまたしても、理性より衝動に身をまかせたのだ。人妻をものにすることには、酔ってオートバイを走らせるのと同じスリルがあったらしい。

だがオットはこの不倫に対し、感心するほどの冷静さを保った。ヘルマに声を荒らげることもなく、親切を仇《あだ》で返したゾルゲを咎めもしなかった。これは作り話であろうが、一説によると彼はグラスを持ちあげ、「さあ、乾杯だ！　今後のために飲もう！」と叫んだという。(17)

ゾルゲに対してオットが好んでもちいた形容は、〈抵抗しがたい《デル・ウンヴィデルシュテーリッヒ》〉男、というものだった。おそらく彼は、ゾルゲの魔法にかかっていたのだ。この突発事態で二人の友情に水を差されることを、オットはよしとしなかった。同時に彼は、この火遊びはすぐに終り、いずれ自分のとった態度の正しかったことがわかるだろう、と考えていた。

ゾルゲの女に対する吸引力は、クリスチアーネ・ゲルラッハの場合によく示されている。彼女は彼のために最初の夫を捨てた。その彼女は、イーカに妻を寝取られても、男は彼を憎むことができないだろう、と述べている。

　イーカは決して人に無理強いはいたしませんでした。自分から言い寄る必要がなかったのです。男も女も、みんなが彼に走り寄ったのですから。(18)

昭和十年一月の第一週、ゾルゲはソヴィエトの諜報員が一人、東京へ到着したという知らせを受ける。暗号名〈イングリッド〉。彼は彼女を迎えに帝国ホテルまで出かけた。彼女は第四本部から派遣された者だった。ゾルゲは、いまでは〈自分の〉縄張りとなっている東京へ、なぜ新たに活動員を投入する必要があるのか不審を抱いた。

新来者の本名はアイノ・クーシネンといった。コミンテルン最高幹部会議のフィンランド書記、オットー・クーシネンの妻である。だがそのころ、夫婦の間はすっかり冷えこんでしまっていた。ゾルゲは十数年前、コミンテルンのドイツ書記局員として任務についたばかりのころに、彼女とモスクワで会っていた。彼女もゾルゲと同様、コミンテルンを離れ赤軍諜報部に移ったのだ。(19)

スウェーデンで発行された彼女のパスポートには、〈エリザベート・ハンソン〉の名が記してあった。〈イングリッド〉は第四本部内の通り名である。彼女の任務は、日本の社会及び政界の最上層部へ食いこむことだった。そのため流行の先端を行く裕福な作家を装《よそお》い、豪勢な暮らしをするため資金もたっぷり支給されていた。(20)

彼女の話では、時間を十分かけて日本の文化や言語を研究するこの任務は、実に楽しいものだった。後年このころを振り返り、「わたしの人生で最高に幸せな日々」と言っている。彼女は日本のとりことなった。日本人は表向きは決して愛想よくはない。だが実は自己抑制にすぐれ、常に悲しみを笑顔で隠している。それは、日本人の最大の美徳にほかならない。

彼女はゾルゲとは独自に動くよう指示を受けていた。だが第四本部との連絡や資金の受け取りには、ゾルゲの組織を利用した。

ただし第四本部の誰一人として、彼女の変心には気づいていなかった。日本へ着いたころ、彼女の心はすでにコミュニズムを離反していた。彼女はかつて、コミンテルンの指示でアメリカへおもむいたことがある。それが引き金だった。アメリカの〈自由な空気〉に触れ、スターリンのロシアに対する忠誠心はすっかり色あせてしまった。帰国したとき、ロシアでは多くの親しい友人が粛清されていたが、それも彼女の幻滅に拍車をかけた。

ベルジンに東京行きを命じられたとき、彼女は大喜びした。当時の日本は次第に警察国家となっていたが、それでもロシアに比べればはるかに自由だった。

こうして彼女とゾルゲは、ぎくしゃくしたスタートを切る。二人が一週間後にもう一度会ったとき、彼は彼女を、自分の行きつけのバーに案内した。どうやらフリーダーマウスかラインゴールドだったようだ。

彼女はこれにひどく憤慨した。こんなドイツ風の最低のパブは、レディを招待する場所ではない。だがゾルゲは、そんな文句は気にもしなかった。

その後の数カ月、アイノは日本の新聞社、高級官僚とのコネ作りに忙しかった。日本の上流階級に完全に受け入れられるまで、諜報活動は控えるよう指示されていた。もっともその見こみがあればの話であるが。

昭和九年初頭における日ソ間の緊張の高まりにより、日本軍が極東でソヴィエト領を侵攻するかどうかを探るという、ゾルゲの主要任務がいっそう重要性を増した。ゾルゲはこれに関する情報収集を宮城に指示した。宮城の持参した情報では、日本のソ連侵攻は時間の問題だった。だが彼は軍上層部にコネを持ってはおらず、情報源の中心は、新聞、雑誌、街の噂《うわさ》であった。

ゾルゲは、戦争への気づかいで組織活動を混乱させられたくなかった。彼は細心の注意を払って組織の確立を図っていた。あらゆる条件を整えてから、本来の活動を開始しようとしていたのだ。

昭和八年秋から十年春までは、本来の任務を手がけるのは二の次だった。この時期には、とりわけわかりにくい日本の状況を把握することに集中した。諜報活動に取りかかる前に、グループを組織し基礎がためをしなければならなかった。(21)

こうした基礎段階が終了するころには、ゾルゲはドイツ大使館に完全に食いこんでいた。その緊密さの度合いは、「まったく前代未聞《みもん》」のものであった。活動的で有能なジャーナリストという、彼の評価は確立していた。とりわけ、上級陸軍武官オット大佐、昭和九年に来日した海軍武官ヴェネカー大佐とはねんごろになり、大使館内で重要な地位を占めるようになった。

さらに彼は、厳しい状況のもとでもたくみに身を処す手本を示した。日本の警察は、四六時中スパイに神経をとがらせていた。あるときは、美術商を急襲して十八世紀の絵画を押収《おうしゅう》した。それに、長崎港が描いてあったというだけの理由によってである。外国人は警察や密告者に常に尾行されていた。ゾルゲも、四六時中監視されていることを前提に行動していた。監視者は鳥居坂署員にかぎらない。特高（特別高等警察）や憲兵（軍事警察）も同様だった。三者同時のこともあった。(22)

ゾルゲは自分の留守のとき、メイドがたびたび警察に質問されていることを十分知っていた。中国へ旅行中、家が探られたこともある。帝国ホテルにいるときでさえ監視の目が光っていた。だが彼は、この厳しい詮索《せんさく》をさして気にとめなかった。

これは外国人すべてに対するもので、格別わたしだけが疑われていたわけではない。(23)

余計な疑いを避けるため、彼はちょっとした工夫をこらした。レストランやバーや横浜本牧《ほんもく》のネオン街へ出かけると、必ずなじみの店のマッチ箱をいくつか持ち帰る。それを、メイドの目につくところに置いておく。こうすればメイドは隠しだてすることなく、その晩彼がどこに行ったか答えられるというわけだ。

彼は東京到着直後、日本の警察とその手の内が読めたと、モスクワへ得意げに報告している。「小生は連中を手玉にとっています」(24)

拘置所で彼は、日本の警察はあまりに枝葉末節にこだわりすぎ、木を見て森を見ずの弊害に陥っている、と述べている。

彼らはあまりに些細《ささい》で無意味なことに、力を浪費しているように思われた。(25)

しかし、苛酷《かこく》な治安維持法による外国人初の逮捕者が出ると、日本警察を見くびることがいかに浅はかかを思い知らされる。

若いニュージーランド人ウィリアム・ビッカートンは、一高の教師だった。昭和九年三月、彼は〈危険思想〉と〈共産主義活動〉の疑いで逮捕された。尋問中、彼は再三にわたって暴行を受けたが口は割らず、結局イギリス大使館の取りなしで釈放された。六年後ソ連で公開された資料によると、ビッカートンがコミンテルンと日本の共産主義者との連絡役を務めていたのは明らかだった。(26)

昭和九年の暮れ、ゾルゲは尾崎から東京勤務となって『東京朝日新聞』の極東研究機関〈東亜問題調査会〉のスタッフとなる、という連絡を受けた。これはうれしい知らせだった。ゾルゲは、尾崎に是非とも東京で協力してもらいたかったのだ。それ以後二人は、定期的に会うようになる。

尾崎の指定する会合場所は、いかにも遊びなれた彼にふさわしい、日本風高級レストラン〈料亭〉や、芸者を呼べる家〈待合〉であった。一方、ドイツ風レストランのローマイヤーやドイツ風バーのラインゴールドも、ときには使われた。ゾルゲとしばしば会うことについて、尾崎は周囲の者にたくみな言いわけを用意していた。『朝日』の上司に外国人ジャーナリストを案内するよう言いつかった、というのだ。「実際やっかいな〈お荷物〉なんだが、断るわけにもいかないし！」(27)

ゾルゲは、活動の条件が整ったことに満足した。しかし一つ大きな問題があった。無線連絡技師に信頼がおけなかったことだ。〈ベルンハルト〉は年中逮捕の不安に怯《おび》えていた。ゾルゲによれば「彼はひどい臆病《おくびょう》で、わたしの渡した報告文の半分は送信しなかった」。

このためモスクワへの情報伝達に、密使を派遣しなければならなかった。ヴーケリッチは写真の責任者で、ゾルゲの報告文をマイクロフィルムに収めた。それは小さなロールとなり服の下に簡単に隠せた。しかしこの方法はどうにも不十分だった。報告のために密使は上海《シャンハイ》経由で行かなければならなかったが、それではモスクワまで到着するのに何カ月もかかってしまう。

諜報網《ちょうほうもう》にとって神経の太い無線技師の獲得が急務となり、ゾルゲはその事情を昭和十年の春モスクワに告げた。ともあれ活動の基礎がためは終った。彼はモスクワへ帰還要請を行った。そこで活動の進展状況を報告し、今後の方針を打ち合わせようと考えたのだ。同年五月、早急に帰還せよ、という指示が届いた。

(1) ヴーケリッチの供述(『現代史資料』第三巻　六二八頁《ページ》)の一部を会話体に翻案した。その他は、妻の山崎淑子との面談。
(2) 『現代史資料』第三巻　三〇八頁
(3) 同　右　三一七頁
(4) 同　右
(5) 同　右　第二四巻　一七三頁
(6) 同　右
(7) フリードリッヒ・シーブルク "Der Spiegel"
(8) レルモン・モーリン "East Wind Rising"
(9) 『現代史資料』第二巻　一〇六頁
(10) 同　右　三二七頁
(11) 川合貞吉との面談。
(12) 『現代史資料』第二巻　一〇六、二一一頁
(13) 同　右　二一一頁

(14) 同右　一三一〜二頁
(15) 同右　一〇七頁
(16) エタ・ヘーリッヒ＝シュナイダーとの面談。
(17) フリードリッヒ・シーブルク "Der Spiegel"
(18) クリスチアーネ・ゾルゲ "Die Weltwoche"
(19) アイノ・クーシネン "Der Gott Stürzt Seine Engel"
(20) 逮捕後ゾルゲは、〈イングリッド〉なる諜報員のことを訊《き》かれている。法廷記録によると、彼は二人の関係をほとんど明かしていない。彼女の日本での任務についても、コミンテルン幹部の妻という彼女の身元についても同様である。

彼女は本部からの特命で、前触れもなしに来日した。彼女は、スカンディナヴィア時代の同志だった。しかしこのときの彼女の任務については、ただ軍事関係のことという以外は何一つ知らない。彼女はわれわれの諜報網とは別の指示で動いていたので、われわれの間には何の関係もなかった。ただ、電報や手紙の発送にはわれわれのところを使っていた。また彼女は金銭的な援助も求めてきた。東京における財政事情がひどく苦しかったためだ。（訳注。この件は本文の記述と異なるが、ゾルゲの供述には意図的に事実を歪曲《わいきょく》している部分もあるので、額面どおりには受け取りがたい面もある）やがて、わたしの自宅にも、その件で出向いてくるようになった。滞日中の五カ月間、彼女は月一回はこのようにしていた。やがてわれわれを通して彼女のヨーロッパ行きの指令が届いた。しかし彼女は、その使命を達成できなかったように思う。東京滞在中、彼女は帝国ホテルに二カ月逗留《とうりゅう》し、残りの三カ月は野々宮アパートですごした。（『現代史資料』第四巻　一三六頁）

クラウゼンは、「東京におけるゾルゲ諜報網のメンバーについて」検事に質《ただ》されたとき、〈イングリッド〉は「間接的な」協力者だった、と答えている。（『現代史資料』第三巻　一〇五頁）

別の尋問のときには、もう少し詳しく供述している。

〈イングリッド〉はスウェーデン人の女性で、ゾルゲの家で二度ほど見かけたことがある。ゾルゲのために情報収集をしていたようだが、あまり重要なものとも思われなかった。（『現代史資料』第三巻　一五七頁）

彼女の認《したた》めた原稿を一度ゾルゲの家で目にしたことがありますが、彼女がいつ日本へ来たのか正確なことは知りません。昭和十三年ごろには、日本を離れたもようです。そのころ、四十歳前後と見受けられました。

だが、警察官及び検事は〈イングリッド〉あるいは〈イングリット〉に、特別の関心を示したわけではない。彼らは、彼女の偽名の正確なスペルを確認しようともしなかった。当局にとって、〈イングリッド〉は追及の対象外に置かれていた。

(21)『現代史資料』第一巻 一八六頁

(22) 憲兵は、本来軍事犯罪の取締り機関であったが、それ以外の分野で職権を行使するのは普通のことだった。特高は昭和七年に拡大再編成されて、在日外国人、各種検閲、左翼主義者の取締りまで行うこととなったが、何といってもその名が知れ渡ったのは、急進的社会運動家に対する苛酷《かこく》な弾圧によってである。

昭和八年から十一年にかけて、左翼主義者、自由主義者、その他〈危険思想〉の持ち主と見なされて検挙された者は、五万九千人をくだらない。そのうち公判にかけられたのは五千人にすぎなかったが、こうした警察の圧倒的な権力の行使は、国民に恐怖感を植え付けるに十分な効力を持っていた。

(23)『現代史資料』第一巻 一二五頁。これはゾルゲの供述に基づいて警察が最初にまとめた回想録である。

(24) アラン・ゲラン “Camarade Sorge”

(25)『現代史資料』第一巻 一二九頁

(26)『文藝春秋』平成四年七月号

釈放後、ビッカートンはイギリスへ渡って『マンチェスター・ガーディアン』紙に、苦しかった体験記を掲載した。ビッカートンは、松本慎一という尾崎の友人の左翼主義者に金を渡した、という嫌疑をかけられた。(『マンチェスター・ガーディアン』紙、一九三四年七月二十七日付「日本における第三級犯罪」)

(27)　石堂清倫との面談。

八 一九三五年夏――モスクワへの帰還

ゾルゲはオット夫妻に言った。「この夏は、アメリカへ行こうと思います。観光旅行もしたいしむかしの友人にも会ってみたいので、しばらく日本を離れます」

これは言いわけであるが、二つの点で本当だった。彼はアメリカ経由でモスクワまで行き、帰りも同じコースを取ってアメリカで一人の旧友に会っているのだ。

モスクワへ着くと、第四本部は大きく様変わりしていた。同僚の大半が姿を消していたのだ。中でも最大の変化は、ベルジンの部長解任である。彼が心から尊敬していた〈おやじさん〉は、新部長セミョーン・ペトロヴィッチ・ウリツキー大将と交替していた。

拘置所における供述からは、この変化によってゾルゲが動揺したかどうかは何一つわからない。新しい上司ウリツキーは彼の報告を受け、その任務に強い関心を示したという。ゾルゲはそれまでの諜報網《ちょうほうもう》の基盤整備に関する報告を行い、今後の活動の

〈明るい見通し〉について語った。新部長は彼の労をねぎらい、これからは本来の任務である日本の対ソ政策の探索に専念するよう指示した。

とりわけウリツキーが懸念《けねん》していたのは、日独両国の接近状況である。両国は、ソ連を共通の敵として手を握りつつあった。

ゾルゲは、ドイツ大使館とのつながりを強めるため一つの提案をした。大使館員から重要情報を入手するために、こちらからもある程度の情報を提供することを認めてほしい、というものだ。ウリツキーはこれを許可し、提供する情報はゾルゲの裁量にまかせることにした。

わたしは、ドイツ側に多少の情報を提供してもよいという許可を得た。それにより、先方とのつながりをいっそう強固にするためである。(1)

このギブ・アンド・テーク策は、大使館内での地歩がためにきわめて有効であった。モスクワにおけるもう一つの課題は、新たな無線技師の選定である。ゾルゲの要請により、小心者の〈ベルンハルト〉は東京での任務からおろされていた。望ましい交替要員の検討にあたって、ゾルゲは中国でともに仕事をしたマックス・クラウゼンの名をあげた。

一九三三年八月にロシアへ帰還して以来、クラウゼンは不遇の身をかこっていた。彼は不満足な仕事ぶりを咎《とが》められ、一年以上もモスクワから遠ざけられていた、と取調べ官に述べている。しかし彼が上層部に睨《にら》まれたのは、命令に反しアンナを置き去りにして上海《シャンハイ》を去ることを、正面きって拒否したためのようだ。アンナは、ロシアでは容認していない英米法のもとで彼と結婚した、白系ロシア人の女性である。

クラウゼンは、赤軍無線学校で携帯用送受信装置の開発を進めていた。ウリツキーの承認を得たうえで、ゾルゲはクラウゼンに日本でいっしょに仕事をするよう告げた。クラウゼンは新しい任務に大喜びした。

わたくしは、モスクワから東京の諜報網で無線通信の任務につくよう命ぜられ、大変誇らしく思いました。わたくしは日本政府の敵として来日いたしましたが、日本国民の味方のつもりでおりました。（2）

その夏モスクワで、コミンテルン第七回大会が開かれた。ゾルゲも出席したかったが、彼だということが知られれば、モスクワに来ていたことが、いつどこからドイツや日本に伝わらないともかぎらない。このため彼は、大会会場や外国人代表者には決して近づかぬよう、厳重に言い渡された。

拘置所でゾルゲは、この時期のモスクワのことはほとんど何も語っていない。ただ、コミンテルンの幹部オットー・クーシネンと、グリゴリー・スモリアンスキーに再会したと述べているだけだ。スモリアンスキーはゾルゲの友人で、当時党中央委員会第一書記から身を引いていた。またクラウゼンとたびたび会い、日本での仕事の打ち合わせをしたことも供述している。ときには第四本部〈暗号課及び東方課〉の専門家と、暗号と換字法を再確認し合った。

そこまでは認めたが、これ以外にはほとんど何もしなかった、というのがゾルゲの言い分である。「わたしの社交生活は、きわめて制限されていた」(3)

しかしモスクワ滞在中、名前は伏せているが、彼は大勢の友人と会っていた。これにはかなり確かな証拠がある。イグネース・ポレツキーとその妻エリザベートとは、何度となく顔を合わせた。イグネースはルードウィックともライスとも呼ばれ、もと第四本部にいたOGPU（オー・ゲー・ペー・ウー＝合同国家政治保安部）諜報員である。この夫妻は、まったく気のおけない友人だった。その彼らは、ロシアで生きていくことの恐ろしさを包み隠さずに語った。スターリンは、最大の政敵トロツキーの信奉者狩りを、第十七回共産党大会を契機に開始した。無数の人が犠牲となり、ゾルゲの友人知人も多数逮捕されていた。輝かしい経歴を持つグリゴリー・ジノヴィエフもその一人である。ジノヴィエフは、コミンテルンでゾルゲがまだ新参者時代の先輩であった。この無作為ともいえる逮捕劇により、国じゅうがパニックに包まれていた。それは大都市でも農村でも変わりなかった。スターリンの狂った暴力から逃れられる者は、どこにもいそうになかった。

ゾルゲはこうした話に憮然《ぶぜん》たる面持ちで聞き入った。彼はスターリン体制は悪である、という事実を容認したくなかったのだ。(4)

しかし、彼のまったく別の顔を見た者もいる。コミンテルンの事務局員ニーロ・ヴィルターネンである。三五年八月、彼はゾルゲをボルシャーヤ・モスコヴスカヤ・ホテルのレストランへ夕食に誘った。そのとき彼は、ゾルゲのあまりの変わりように仰天した。ゾルゲの代名詞でもあった自信と理想主義が、すっかり影をひそめてしまっていたのだ。彼はウォツカをがぶ飲みし、苦しい胸のうちをぶちまけた。

ロシア人のためにスパイをするのはもうたくさんだ。しかし、足を洗って出なおしたくても道は閉ざされてしまった。ソ連にいるのが危ないのはわかっているが、行き場がない。ドイツへ戻ればゲシュタポが待っている。結局日本へ戻り、またスパイを

やるしかない。でも日本でだって、いつまで続けられることやら。（5）

献身的な共産主義者、栄《は》えある赤軍の活動員の口から漏れた言葉として、これは聞き捨てならない。一体何がゾルゲに、こんな内奥《ないおう》の感情を吐露させたのだろう？　ウォツカのせいだろうか？　それとも、スターリン体制には絶望しか感じないと述べた、ヴィルターネンにつられたのだろうか？

アイノ・クーシネンの記述も、きわめて注目に値する。それは、主《あるじ》に対する苛《か》酷《こく》なまでの献身にうながされ、不遜《ふそん》なほど自信満々のスパイというゾルゲ像とは、いささかそぐわないものだ。このとき、切れ目のなかったゾルゲのロシアへの忠誠心に、初めて亀裂《きれつ》が走った。このことと後の話とを合わせると、諜報活動にがんじがらめとなった、一人の孤独な囚人の姿が浮かびあがる。それは、疑惑にさいなまれ、ロシアへ戻ることとの憧憬《どうけい》と恐怖に引き裂かれた人間にほかならない。

アイノは述べている。ゾルゲが日本へ戻って秘密活動を再開したのは、ほかに採るべき道がなかったためだ。彼は日本で並はずれた技術と勇気を持って活動したが、本心ではいやいやしていたのだ、と。

カーチャは二年もの間、ゾルゲの帰りを待ち続けていた。数週間のことではあれ、やっと二人は家庭の幸福を味わうことができた。これは夫婦としての初めての生活である。ゾルゲはもう四十近くになり、そろそろ異国の放浪を切りあげて平凡な結婚生活に落ちつきたいという気になっていた。だが彼は、軍の規律に拘束される身であった。そして第四本部からは、東京における諜報活動を夏の終りには再開するよう指示されていた。ゾルゲはウリツキーから、東京での活動期間は一年ないしは二年、という約束を取り付けた。そのためカーチャにまた海外勤務となったと告げるときも、比較的気が楽だった。ロシアを発《た》ったのは八月下旬であった。カーチャにたびたび手紙をくれるよう頼み、すぐに戻ってきてこんどこそ落ちつくから、と何度も念を押した。

「モスクワからは飛行機で発った」と『獄中手記』には記してある。

この帰還及びモスクワ滞在に関する供述は、意図的な省略と矛盾に満ちている。とりわけモスクワを発ったのは七月下旬で、「二週間ほどの滞在の後」というくだりがそうだ。

供述によると、彼はオランダを通り、そこでオーストリア名でロシアへの旅行者を装《よそお》っていた偽造パスポートを破棄し、再び本名に戻っている。ニューヨークでは、洋服店を訪れて上着を購入した。そこで、三カ月前の仮縫いのときには偽名を使っていたことを忘れるという、ちょっとしたミスをやった。やがてアメリカの観光旅行に出かけた。

この過程で彼は一人の旧友と会った。ヘーデ・マシングである。彼女はソ連秘密警察のために、アメリカの内情を探っていた。六年ぶりに再会した二人は、カフェ・ブレヴールトで夕食をとったが、彼女は彼のあまりの変わりように唖然《あぜん》とした。少し長いが、彼女の言葉を引用したい。彼女はゾルゲが、

ひどい大酒飲みとなっているのに気づいた。夢を追い理想を求める、学究肌の男の面影は消え失《う》せていた。とてもハンサムで、少し斜視の澄んだ青い目が、わけもなく何かをおもしろがっているふうに見える点はむかしどおりだった。髪もふさふさしていた。だが両頰と厚くて官能的だった口元は、ひどくたるんでいた。鼻もとがり気味になっていた。

一九三五年にカフェ・ブレヴールトで夕食をとったイーカは、一九二九年にベルリンで夕食に誘ってくれたイーカとは別人だった。(6)

ゾルゲは九月下旬に東京へ戻った。大使館員や記者仲間に、四カ月もどこへ行っていたのかと訊《き》かれると、まことしやかな応答をしてみせた。

なに、ちょっとカリフォルニアまでね。むかしなじみにも会ってきた。ピッツバーグにも行ったよ。鉄の生産地さ。すごいもんだ。日本は鉄に関しては、とてもアメリカに太刀打ちできないな。仮に中国全土を征服したってね！（7）

やがて身を乗り出すと、スタイルのよいアメリカ娘の話を始めた。

とにかく、体のよく発達していること！　脚がすばらしいんだ。日本の女の、木の根っこみたいなのとは比べものにならないよ。

だが、こうも付け加えずにはいられなかった。「もちろん、小柄な日本娘みたいにおとなしくないから、手綱さばきはむずかしいけどね」（8）

（1）『現代史資料』第一巻　二三六頁《ページ》
（2）同　右　第三巻　六四頁

（3）同　右　第一巻　二一〇頁
（4）エリザベート・ポレツキー "Our Own People"
（5）アイノ・クーシネン "Der Gott Stürzt Seine Engel"
（6）ヘーデ・マシング "This Deception"
（7）フリードリッヒ・シーブルク "Der Spiegel"
（8）同　右

九　昭和十年（一九三五年）十月――「きつい、本当にきつい」

昭和十年十月四日、こぬか雨の降るなま暖かい晩、西銀座のドイツ風レストラン兼バー、ラインゴールドは客でにぎわっていた。ヘルムート・ケーテルが開いたこのこぢんまりした店は、ホームシックにかかったドイツ人ビジネスマンや技師や水夫たちの憩《いこ》いの場であった。だが、日本人客も必ず何人か目についた。学者、芸術家、中堅将校等で、いずれもドイツですごした学生時代に郷愁の念を抱く者たちだった。ケーテルは〈パパさん〉の名で親しまれていた。彼は東京の一画にファーターラント（ふるさと）を設けて、そこで客がベルリンのパンケーキを食べ、ホルステンビールが飲めるようにしたのだ。また最新型の蓄音機で、母国の感傷的な流行歌に耳を傾けることもできた。

ラインゴールドの持ち味は、気のおけないこと《ゲミユートリヒカイト》だった。そこにいると、何千マイルも離れた日本とドイツが、たちまち一つの音と香りの中に溶け合ってしまう。そして店内には、客を迎えるやり手の主人の快活な声が響き渡る。この店は、ハンブルクやブレーメンの居酒屋仕立て《ビーアシュチューベ》となっていたが、大きく異なっているのは、ここには日本人ウェイトレスがいたことだ。彼女たちはディアンドルやピナフォアドレスに身を包み、祖国を遠く離れた男たちを、笑顔とあやしげな発音の片言ドイツ語で慰めた。

パパ・ケーテルは、女たちを容貌《ようぼう》と品のよさを基準に自分で選んで採用した。彼女たちは、店ではいずれも、ベルタ、ドーラ、イルマといった古風なドイツの源氏名を付けられている。その晩ゾルゲとはじめて言葉を交わしたのはアグネスという名のウエイトレスだった。このときから、それまで特に目立つこともなかった彼女が脚光を浴びることとなる。

「ねえ、パパと話してる外人さん、誰なの？」アグネスがベルタに訊《き》いた。アグネスは本名を三宅《みやけ》花子といい、ベルタは店の客のことならたいてい知っている先輩だった。（1）

ボックスの仕切り壁にもたれて坐《すわ》り、花子は中年の外国人を見やった。額が高く、頬骨が張り、赤茶けたちぢれ髪に青い瞳《ひとみ》。どこにでもいる〈外人〉で、特に彼女の目につくものも気を引くものもなかった。だが花子には、店に来る西洋人すべてがもの珍しく、いつも彼らに目をこらして見入っていた。

「ここんとこしばらくご無沙汰《ぶさた》だったけど、前はよく来てたわね。なかなかいい人よ。日本語はだめだけど、とても気前がいいわ」ベルタが言った。

これはいいことを聞いた。ラインゴールドでは、ウェイトレスに給料を払わず、客のチップが給料代わりとなっている。チップは最低でも飲み代《しろ》の十パーセントが相場で、よほどのけちか、東京へ来たばかりでここの決まりを知らない新顔以外は、たいていそれを置いていった。

ちょうど花子の出番のときで、彼女は青い目の外国人のところへ注文を取りに行った。男はうれしそうに笑いながら振り向くと、彼女をまじまじと見つめた。

ゾルゲの目にした女は、必ずしも美人とはいえなかった。だが、ぽっちゃりしたやわらかな丸顔で、そこにできるえくぼがひどく愛くるしい。全体に、どこかうぶであどけない感じがする。はにかんで身をすくめた様子にもわざとらしさがない。花子はここへ来るまでに何軒かのバーで働いていたが、少しも擦れたところがなく、誰にもその日がこの浮き沈みの激しい世界で働きはじめたばかりのように見られた。上目づかいにこちらを見あげる様子には、内気な中にいたずらめいた茶目っけがひそんでいる。彼女には、どこか人をからかう妖精《ようせい》のような魅力があり、それにゾルゲは惹《ひ》かれた。

パパが紹介した。「これは、ドクター・ゾルゲ。きょうは、誕生日ね」

「ソウデス。ソウデス。わたし、ゾルゲです」男は低いしゃがれ声で言うと、大きな手を差し出した。花子はどう答えてよいかわからず、はにかみ笑いをしながら握手した。パパが気をきかせて席を立った。二人だけになると、ゾルゲは自分の横へ来るよう手まねきした。

「アグネス、あなたは、いくつですか？」彼は英語で訊いた。

「イッヒ・ビン・ドライ・ウント・ツヴァンツィッヒ・ヤーレ（二十三歳です）」花子はそう答えたが、実際は二十五だった。客にはいつも二つ若く言うことにしていたのだ。

「わたし、きょう、四十歳です。お祝いに、シャンペン、飲みましょう」

花子はラインゴールドに一年勤めていたが、そのときのゾルゲのように、自分をまじまじと見つめる外国人のやり方にはいまだになじめなかった。長いまつ毛の下から見あげるたびに、じっとこちらを見ている相手の目とぶつかる。彼女はまっ赤になり、ベルタか誰か助けに来てくれないかしら、と思った。男はドイツ語と英語をちゃんぽんにして話しかけたが、彼女にはどちらもほとんどわからなかった。蓄音機は泣きたいような曲を響かせ、ほかの外国人客はいずれもどなるような大声でしゃべり合っている。それでも花子には、男の話すことのおおよその意味は飲みこめた。

「きょう、わたし、とてもうれしいです。アグネス、あなたの、好きなもの、言ってください。わたし、あなたに、プレゼントします」

花子は思いきって言った。「プレゼントしてくださるなら、レコードがほしいです。わたし、音楽が好きなんです」

ゾルゲはうなずいた。「ではあした、二人で、レコードを、買いに行きましょう」

そう言うと手帳を取り出して時間と場所を書きこみ、彼女に念を押した。彼はあまり長居はせず、勘定書きがくるとチップをたっぷり置いて出て行った。彼が立ち去った後、花子はベルタに、あの外国人には好きな人がいるのかと訊いた。

「さあ、ドーラはときどきいっしょに坐ってたけど。特別お目あての娘《こ》はいないみたいよ」

翌日花子は、決めてあった銀座のレコード店へ出向いた。ゾルゲは約束どおりレコードを買ってくれた。花子のほしかったオペラのアリアに、自分が好きだというモーツァルトのソナタも付け加えた。やがて彼は、そこからそう遠くないドイツ風レストランへ花子を案内した。ローマイヤーというその店では、店員がいずれも彼に名前を呼んで挨拶《あいさつ》した。ランチを食べながら、彼は日本語と英語を交え、自分のことをいくらか詳しく話した。職業はジャーナリストということだった。別れざわにゾルゲは、また会いたいと言った。花子はためらいながらも承諾した。

ゾルゲが東京に戻ってふた月後、マックス・クラウゼンがサンフランシスコ発の竜田丸で横浜に到着した。彼は服の下に小型真空管を二個隠していた。これを用いて無線装置を一から組み立てる予定だった。モスクワで別れる際、二人は東京で会うため毎週火曜日に一軒の銀座のバーに顔を出すよう取り決めておいた。ところが、クラウゼンの到着した翌日ドイツ人クラブで仮装大会があり、そこで二人はばったり出くわした。十一月二十九日金曜日のことだ。ゾルゲはベルリンのソーセージ売りに扮《ふん》していた。二人は翌日ブルーリボンというバーで落ち合った。ゾルゲはクラウゼンに、一刻も早く新型無線機を組み立てて、臆病《おくびょう》な前任者〈ベルンハルト〉が置き去りにしていった、かさばるばかりの装置と取り替えるよう促した。

この仕事は、クラウゼンの技術と能力の試金石となった。彼は銀座、新橋界隈《かいわい》の小さな電気店を根気よくしらみつぶしにまわり、無線装置の部品や受信機用コイルにする銅線捜しに奔走した。当時の日本の法律では、個人が無線装置を所有することは禁止されており、こうした特殊な品物を購入して余計な人目を引くことには、よほど神経を使わなければならなかった。これらの部品を組み合わせてテストを行うのにかなりの日数を要したが、やがてモスクワとの通信に成功した。昭和十一年二月のことである。

クラウゼンの来日により、諜報網《ちょうほうもう》の基本態勢が整った。もう一人の外国人ブランコ・ド・ヴーケリッチは、写真操作にあたった。彼の任務は、モスクワへ報告する機密文書をマイクロフィルムに撮り、モスクワからマイクロフィルムで送られてくる指示を現像することだった。この指示とともに、ときどきカーチャからのゾルゲ宛《あ》ての手紙も届いた。

さらにヴーケリッチは、気長に親交を深めてきたイギリスやフランスの外交官、あるいはヨーロッパの通信員から、できるかぎりの情報を入手した。彼は勤務先のフランス通信社『アヴァス』で、これが記者の仕事というものさ、と言っていた。そのことを通し、同盟通信社ともつながりができた。そこで当局の検閲前の、大部分は公表されない情報に触れた。だがゾルゲは、このユーゴスラヴィア人は複雑な日本の政治軍事事情を知る立場にはいなかった、と供述している。また尾崎ほどではないにせよ、質の高い情報については、尾崎秀実《ほつみ》が頼りだった。

ゾルゲの忠実な日本人同志、宮城もよく働いた。

わたしは、尾崎と宮城にはずいぶん助けられた。（2）

尾崎秀実には、収集した情報の核心へずばりと切りこみ、もやもやしている各種の事実関係を、明快に筋道立てて説明するすぐれた能力があった。このためゾルゲは、重大な情勢変化をモスクワへ報告するときには、必ず彼の分析を待ってから行うようにした。

尾崎は、自分が情報収集に成功したのはあたりのやわらかさのせいだ、と謙遜《けんそん》している。

わたくしは性格的に、人付き合いのよい人間です。人間が好きですし、大勢の人と付き合うのを少しも苦にいたしません。それればかりか、他人に親切を尽くすことにも喜びを感ずる人間です。わたくしには大勢の友人知人があり、その一人一人と非常に親しくしておりました。わたくしの情報源はこうした人たちでした。（3）

ゾルゲは少人数で形成された諜報網の能力を、最大に発揮させるすぐれた指導力を備えていた。規則めいたものはほとんど設けず、各人にのびのびと活動させた。彼のグループは、任務に対しては「決して手を抜かない」にせよ、規則でしばられた組織とは異なっていた。

彼らは契約で結ばれた仲ではないし、損得ずくで行動したわけでもなかった。

われわれは何一つ明確な取り決めもしなかったし、規則も設けなかった。ただコミュニズムという思想でかたく結びつき、モスクワのために働いたのだ。金や利益のために活動したのでないことだけは、誓って断言できる。(4)

ゾルゲは、いつも平静でいたわけではない。それに、これだけ毛色の違う人間が集まれば、衝突が起きても不思議はなかった。ヴーケリッチは取調べ官に対し、自分の不注意でゾルゲにひどく叱《しか》られたことがあると述べている。またヴーケリッチへの電話で、ゾルゲが怒りにわれを忘れてどなりちらし、足を踏み鳴らしていたという証言もある。

だが、そうした爆発はほんのときたまのことだった。そしてヴーケリッチは、ゾルゲをすぐれたボスとして尊敬していた。ヴーケリッチやクラウゼンに何かしてほしいとき、ゾルゲは決して命令せず、仕事内容を説明してその実行方法を示唆《しさ》し、そのための最善の処置について二人の意見を求めた。

　実際クラウゼンとわたくしは、しばしば勝手なことをする扱いにくい人間でした。それにもかかわらず九年という長い間、ゾルゲは自分の地位を振りかざして威張ったことはありませんでした。もちろん、一度や二度かんしゃくをおこしたことはありますが、そんなときでも、彼はわれわれの政治的良心と彼への友情に訴えるだけで、それ以外の理由を持ち出すことは決していたしませんでした。（5）

尾崎もゾルゲに対し畏敬《いけい》の念を抱き続けた。彼の人生は、ゾルゲとスメドレーという二人の外国人との出会いにより、結果的に破滅をきたした。にもかかわらず、逮捕後も彼は二人を賞賛しきっている。

　二人とも主義に忠実で有能な人たちでした。そして、自分たちの信念をまっとうすることだけしか考えておりませんでした。（6）

ところが、ゾルゲにたびたび苦い目に遭わされたクラウゼンだけは、別の見方をしている。自分の元上司に対する彼の批評はかなり辛辣《しんらつ》である。

ゾルゲはコミュニズムのためなら、最良の友人でさえ切り捨てる男です。彼は筋金入りのコミュニストでしたが、状況次第ではとてももろい人間でした。一人の人間として見た場合、決してほめられた存在とは言えません。(7)

友人たちから見たゾルゲは、独断的で、他人の意見に耳を傾けず、ユーモア感覚をまったく欠いた人間だった。

ゾルゲにあるのは皮肉と露骨ないやみだけだった。彼は、遠まわしにものを言うことができなかった。いつも、シロかクロかの世界に住んでいたのだ。しかし、この世には色が付いているのである。(8)

しかしそうした皮肉の冑《かぶと》の下で、彼の憐《あわれ》み深い心は激しく脈打っていた。弱者や虐《しいた》げられた者に寄せる彼の同情には、少しの偽りもなかった。ゾルゲと懇意になった新聞記者フリードリッヒ・シーブルクは、東京の玉の井一帯のみじめな売春窟《くつ》へ、貧困ゆえに売られてきた女たちに対する、ゾルゲの私心のない憐憫《れんびん》の情に打たれた。

ゾルゲは、情け容赦なく大都会へ連れてこられた、女たちすべての身のうえに深い同情を寄せていた。彼はそんな女たちと、片言の日本語でけっこう楽しげにやり取りしていた。ときにはからかったりしながら、その実彼女たちにとてもやさしかった。彼はこの界隈の人気者だった。(9)

第四本部から、日本の上流階級へ〈もぐら〉として送りこまれたアイノ・クーシネンは、モスクワへの帰還命令を受けて驚いた。それは昭和十年十一月のことで、東京に来てまだ一年も経《た》っていないときだった。この呼び出しに彼女は警戒した。

戻ってみると、第四本部はてんやわんやの状況を呈していた。ベルジン将軍が、自ら創設した組織のキャップを更迭《こうてつ》された理由を、誰も説明してくれなかった。彼女の帰国命令は、至るところに広がっている当惑と混乱の巻きぞえを食ったもののようだ。すぐに初対面のウリツキー将軍は、どうやら〈手ちがい〉があったらしいと言った。

日本へ戻り、これまでどおり言語学習を続けコネを広げてくれたまえ。

ウリツキーは、特に具体的な指示はしなかった。ただ、日本に関する好意的な本を書いて名をあげ、有力グループに食いこむ手づるをつかむよう促した。

彼女が驚いたのは、ゾルゲには近づくなと忠告されたことだ。新部長は明らかに、ラムゼー・グループを快く思っていなかった。彼女はクラウゼンから、偽装用に事業を始めるので二万ドルほどまわしてほしい、と頼まれていた。それを聞いたウリツキーは怒りを爆発させた。「あの、ならず者めらが。やつらのやっているのは、飲んで金を使うことだけだ。一コペイカだってかせごうとはしやしない!」(10)

ベルジンの解任以来、ゾルゲの立場が極度に悪化したのは明らかだった。アイノがそれを知ったのは昭和十年十二月で、ゾルゲがモスクワを訪問したほんの数カ月後のことだ。ゾルゲは夏に報告のために戻ったとき、第四本部内のとげとげしい空気を感じなかったのだろうか？　アイノの言う、「当惑と混乱状態」に盲目だったのだろうか？(11)

敏感なゾルゲが、その冷ややかさを感じなかったはずはない。それは彼を含め、ベルジンに関わる一切に対する敵意であった。八月に、ボルシャーヤ・モスコヴスカヤ・ホテルでひどく荒れて胸のうちを吐き出したのも、この予感に促されたためだ。

そこで彼は、スターリンのロシアに対して初めて幻滅感を表した。ツリツキーの非難を考えるにつけても、短気で気まぐれな上層部のために骨折る、疑惑にさいなまれたスパイの姿が思い描かれる。これにより、友人たちの胸を突き刺した皮肉もうなずけよう。彼はアルコールと女ですべてを忘れ、日本から脱《のが》れようとした。だがそれもかなわぬことを知ると、ますますそれらにのめりこむようになった。

昭和十一年二月二十六日、早朝の降りつもった雪を踏んで、第一師団の精鋭約千五百名が、政府への反乱を実行に移すため兵舎を出発した。

政府に不満を抱く青年将校に指揮された反乱軍は、東京の戦略拠点を急襲した。一行は天皇の側近に巣くう自由主義者どもに天誅《てんちゅう》を加えるために、何班かにわかれてそれぞれの目的地におもむいた。狙《ねら》いは、軍の東亜への拡張策に反対を唱える、政府要人の駆除であった。

経験豊富な蔵相高橋是清《これきよ》が第一の犠牲者となった。同じころ、別働隊が海軍大将岡田啓介《けいすけ》を首相官邸に襲撃した。だが、誤って義弟の松尾伝蔵を殺害した。岡田は一昼夜女中部屋の押入れに隠れて難を逃れた。

そのほかの犠牲者は、内大臣斎藤実子爵《まことししゃく》、教育総監渡辺錠太郎大将である。侍従長鈴木貫太郎海軍大将は重傷を負った。


反乱軍は、皇居付近や陸軍省など主要官邸周辺をかためた。永田町のドイツ大使館は、砲撃範囲内に入っていた。ディルクセン大使はその日たまたま長崎にいたが、急遽《きゅうきょ》東京へ戻ると、大使館は包囲されたも同然の状態だった。

大使館員全員と同様、ディルクセンとオットは、この空前絶後の暴挙をどう受けとめてよいかわからなかった。二人は、日本当局が反乱の迅速な鎮圧に失敗したことで、すっかりうろたえていた。やがて二人の目は、彼らの知恵袋ゾルゲに向けられた。これまで、政治経済的洞察でゾルゲが的をはずしたことはない。そしてこのときも、二人の期待は裏切られなかった。ゾルゲにとって、これは大使館内でさらに堅固な足場がためをする絶好のチャンスであった。彼は、東京のドイツ大使館のためであるとともにモスクワのために、この事件が持つ意味の解明に乗り出した。

逮捕後ゾルゲは、諜報網が第四本部のために全力をあげて本格的に情報収集をし、それを解明し始める契機は五度あったと述べている。その最初が、昭和十一年二月二十六日である。

カメラと記者証を持ち、ゾルゲは東京の中心地における暴動の最前線へおもむいた。外務省から海軍省に至る路上に、陸軍と海軍の兵士が整列している。だが彼は、両者の間のよそよそしさを見逃さなかった。海軍は手をこまねいて待機しているのではない、と彼は思った。そのとおりだった。後に判明したことだが、そのとき東京湾に集結していた軍艦は、襲撃地点に大砲の照準を定めていたのである。

宮城は、青年将校の宣言文やビラや新聞記事を翻訳した。また、一般市民の反応も訊《き》いてまわった。市民は中立を守るか、反乱軍を積極的に支持するかのどちらかだった。

芸術家スパイは、この反乱は失敗に終ると、早くから読んでいた。その鎮圧により、軍部内の中国侵攻派が優位に立ち、急進的な若手に代表されるロシア侵攻派は後退する。とすれば、ロシアは当分安泰である。だがその反面、軍の勢力がじわじわと国民を締め付けにかかる危険も大であった。

尾崎は有楽町の『東京朝日新聞』に陣取り、刻々と動く事態をゾルゲに報告した。今回の事件の徹底的究明はきわめて重要である。この不穏な行動の根底には農民の悲惨な状況がひそんでいる、と尾崎は分析した。反乱兵士の大部分は地方出身者である。

彼らの念頭からは、自分たちの目にした、あるいは実際に体験した極貧生活が離れない。農民は日本の人口の半数を占めている。しかしその収入は、地主を含めてさえ国民所得の十八パーセントにすぎない。あげくに各地で貧苦にあえぐ者が続出し、娘の身売りが後を絶たない。それはいわば、反乱兵たちの姉や妹である。あちこちの村で、「娘を売る前に、役所に相談しなさい!」という触れが出ていた。

しかし尾崎はゾルゲに対し、青年将校たちは反資本主義ではあるが左翼分子ではない、と強調した。彼はこの事件によってもたらされる二つの結果を予言した。右翼の台頭と対ソ姿勢のいっそうの硬化である。

尾崎と宮城の意見を参考にしつつ、ゾルゲはこの反乱に対する詳細な報告書を作成し、それをディルクセン、オット、ヴェネカーに伝えた。この説得力に富む分析はベルリンにも伝えられた。それを目にした者の中に、ドイツ陸軍経済局長(chief of the Germany Army's Economic department)ゲオルク・トーマス大将がいた。彼はこの報告書にいたく感心し、自分の部署のための二・二六事件特別研究文書の編纂《へんさん》をゾルゲに委託したほどである。

同じころ、ゾルゲはモスクワにも東京の騒乱に関する報告を行った。当時クラウゼンはまだ新型通信機を実験中で、報告のほとんどは密使を通して伝達されていた。すべてはマイクロフィルムに収めて運ばれたのだ。その中には、オットが日本軍から仕入れた機密情報も入っていた。オットはゾルゲにそれらの文書に目を通すことを許可し、ゾルゲはそれをひそかに写真に収めた。このとき彼は初めてポケットカメラを使用して、大使館の文書を撮影した。以後これは彼の通常業務となる。

多くのなぞを内包した二・二六事件は、諜報網の能力の試金石となった。そして、同じ情報が敵対する両陣営でともに有効となることも明らかとなった。諜報網の収集した情報は、結局モスクワだけでなくベルリンにも送られたのだ。ドイツ大使館におけるゾルゲ株は高騰《こうとう》する一方で、彼は秘密の中枢部《ちゅうすうぶ》に公然と出入りできるようになった。彼の活躍への礼もこめて、大使は館内の一室を彼にあてがった。五月、多くの読者を持つ『ツァイトシュリフト・フュル・ゲオポリティーク』誌に、二・二六事件に関する彼の分析が掲載されると、彼の地位はさらに向上した。上級外交官も大使館付き武官もこぞって、ゾルゲを大使館にとってなくてはならぬ存在と考えるようになった。

二・二六事件は歴史的な転機であった。日本の政治においては、銃弾の方が話し合いより強いことがはっきりした。反乱は鎮圧され、軍法会議の結果、十三人の将校を含む計十七人が銃殺刑に処せられた。軍の信用は失墜したが、それも一時的なことだった。宮城の予想どおり、国民生活に対する軍の統制は抑止不能となった。こうして日本のアジア大陸への拡張論が、幅をきかせることとなる。

事件から数週間後、ゾルゲには日本の政界の風向きをはっきり読み取ることができた。陸軍大臣と海軍大臣は、次のような口実のもとに陸海軍の軍備費増大を主張した。「わが国は、米国の海戦計画及び好戦的なソヴィエト・ロシアの極東における進撃計画により、絶えず脅威にさらされている」

尾崎がゾルゲに強調したとおり、これを境に日本によるソ連への威嚇《いかく》的態度はいよいよ激しくなり、対ソ監視態勢が強化された。日本軍は、アジア大陸の征服という野望に取りつかれていた。そのためには、ソ連の勢力の弱体化が必要だった。

こうして満州事変以来、日本がソ連を攻撃するという脅威は絶えることなく続いた。(12)

昭和十年から十一年にかけての冬、ゾルゲはソヴィエト諜報網を確立した。ドイツ大使館における立場を強化し、ジャーナリストとしての偽装も順調だった。一方で彼は花子のことも忘れられず、ラインゴールドへたびたび足を運んだ。ウェイトレスの間で、花子が彼の隣に坐《すわ》るのは当然のこととなった。彼女の休暇の日は、彼は彼女を昼食や買い物に連れ出した。二人は子どものような片言の日本語で話し合った。そんな状態が数カ月続いた。

ずっと後に、花子は回想している。

昭和十一年の春のことでした。二・二六事件の少し後、彼はモンゴルまで旅行してくると言いました。そして、土産は何がいいかと訊きました。

わたしは答えました。カメラがほしいです！　それから彼は、しばらくラインゴールドに姿を見せませんでした。でもある夏の晩、不意にやって来ました。そう、カメラを持ってきてくれたのです。ドイツ製のとてもすてきなものでした。わたしはうれしくなってしまいました。それまで、カメラなんて持ったことがなかったものですから。

それからまもなく、休みの日に二人で夕食に出かけました。食事が済むと、おもしろいものを見せるから家に来ないかと誘われました。わたしは少しはしたないと思いながらもついて行きました。何も心配していませんでした。有楽町のドイツ風パン菓子屋でチョコレートを買い、タクシーに乗りました。

彼の家は麻布《あざぶ》の永坂町にありました。長い坂道をおりると鳥居坂署があり、そこを左へ曲りました。そこの細い道のはずれが彼の家でした。そのころ流行《はや》りの中流家庭向きの造りで、外国人にはどうということもなかったのでしょうが、日本人にはとてもしゃれて見えました。

わたしは二階の十畳の間へ案内されました。部屋は二つの机や本や書類でひどく散らかっていました。壁一面が、地図、地図で埋まっていました！　床の間にまで本が積んであり、蓄音機もありました。部屋の隅には、低いソファがありました。わたしはチョコレートを少し食べました。彼はわたしにコーヒーを入れてくれ、自分は何かの瓶を持ち、ソーダ水を飲んでいました。それから、モンゴルから拾ってきた瓦《かわら》のかけらを取り出しました。そしてその歴史を説明するのです。でも、そんなもの頭に入りませんでした。わたしは、赤い宝石を嵌《は》めこんだ古い金のバックルの方に興味がありました。彼はそんなわたしを見て、よかったらあげると言いました。

それから彼はしばらく、手持ちぶさたにぶらぶらしていました。やがて床の間から剣を取り出し、それをまわして踊りました。でも踊るには部屋は狭すぎました。彼が急に笑い出したので、わたしも笑ってしまいました。やがて彼はレコードをかけました。何の曲かは忘れましたが、わたしはイタリアオペラが好きで、彼はモーツァルトとバッハが好きでしたので、そのどれかだったと思います。

彼は、レコードを変え蓄音機のハンドルをまわしましたが、何だか疲れたみたいでした。それからソファにきて、わたしの横に坐りました。そしていきなりわたしを押し倒したのです。

とても強い力で、わたしはひどく驚いて声も出ませんでした。彼は片方の腕でわたしを抱き締め、もう片方でわたしの胸と腹を愛撫《あいぶ》しました。その手がスカートに触れたとき、わたしは声をあげました。

「だめよ！　だめ！」わたしは強くさからい、もがいて逃げ出そうとしました。

ゾルゲはひとこと言いました。「どうして？」

わたしは叫びました。「こわいの、こわいのよ！」

彼は離れました。そこに坐り、わたしの顔をじっと見つめました。わたしはきっと、泣きべそをかいていたにちがいありません。彼はわたしを起こしてくれました。わたしはスカートを直し、もう帰る、と言いました。すると彼はわたしを坂の上まで送ってきてタクシーを呼び、車代を渡しました。それで終りでした。車に乗って見ると、彼はとても情けない顔をして立っていました。わたしの方も、そのまま別れるのが何だか切ない気持ちでした。

でも、二、三日して彼がラインゴールドに姿を見せたときはほっとしました。わたしたちはまたデートをしました。レコードを買ったり、夕食を食べたりしました。わたしたちはまた家に誘われました。わたしは行きました。こんどこそ、どうなるのかわかっていました。わたしは彼は日本式の数え年で四十二歳の独り身でした。わたしは二十六二十六歳でした。わたしには、これから起こることがわかっていました。でも、好きな男もの家に来ているのです。泣きはしませんでした。彼に抱き締められたとき、わたしは少し抵抗しました。でも泣きはしませんでした。わたしは目を閉じました。もう何もこわくはありませんでした。

それからまもなくのある晩、彼は遅くラインゴールドへ来てわたしの仕事が終るのを待っていました。その後彼の運転するオートバイで彼の家に行きました。わたしはこわくて震えていました。彼は酔っているのに、すごいスピードを出したのです。わたしは彼に夢中でしがみつきました。その晩初めて彼の家に泊まりました。

わたしは、アパートの狭い部屋に一人で住んでいました。でもその晩すぐ荷物をまとめて彼の家に行きました。それ以来、週の半分を永坂町ですごしました。彼はとても忙しかったので、後の半分は自分のアパートですごしました。(13)

モスクワを離れて数カ月後、ゾルゲはカーチャが妊娠したという知らせを受けた。出産は五月の予定だった。昭和十一年四月九日付けの返事で、彼は父親となる喜びを表している。

すぐにぼくらは、二人のものである人間を迎えるんだね。きみは、二人で名前を決めたことを覚えているかい？　その後ぼくは考えた。もし女の子だったら、きみの名前の一部を取ろうってね。先日きみに小包で服を送っておいた。喜んでくれるとうれしい。大仕事を終えたら着てごらん。また前のきれいなきみに戻るよ。きょうは、赤ん坊用の服を送ります。

しかし何かよくないことが起きたらしく、昭和十一年の夏にはこう書いている。

国から短い知らせが届いた。何もかも、自分の思いとはかけ離れてしまった。

これ以後、彼の手紙に子どものことは出てこない。カーチャは中絶したらしい。とにかくこの話には、なぞがつきまとっている。(14)

ゾルゲが諜報《ちようほう》活動のためモスクワを発《た》って一年も経《た》ぬうちに書いた手紙は、悲しみに満ちている。彼はロシアへ帰りたくてならなかった。だが、それがかなわぬ夢であることもわかっていた。彼はカーチャに、任務のことは何一つ口にできなかった。それどころか、どこの国にいるのかすらおしえられなかった。彼に言えるのは次の言葉だけだった。「きつい、本当にきつい」

自分がだんだん年をとっていくことがとても悲しい。すぐにも国へ戻り、きみの新しいアパートへ飛んで行きたい。でも当分はそれもかなわぬ夢だ。どう見ても、ここの仕事は「きつい、本当にきつい」。それでも、予想していたほどじゃなかったのかもしれないけれど。どうか、たびたび手紙をください。ぼくは寂しくてたまりません。

ゾルゲは孤独感に打ちひしがれていた。それは執拗《しつよう》にまとわりつき、それを逃れるために次々と女の尻《しり》を追いかけまわしたが、すべては一時の気休めでしかなかった。花子に夢中になったのも、結局はこうした逃避の一つにすぎなかったと言えるだろう。彼は、決して口外できぬ秘密の重みで押しつぶされんばかりになっていた。その孤独な生活からくる苦渋の思いは、現在残っているカーチャへの手紙や、第四本部への通信文ににじみ出ている。日本への滞在を強いられた彼の苦悩は深刻だった。それは、ロシアからの精神的な支援も失われ、次第に年老い、今後の見通しも定かでないことに対する、恐怖と不安にほかならない。表面こそふてぶてしいまでに自信満々に見えた人間の、これが真実の姿だった。

アイノ・クーシネンまたの名〈イングリッド〉は、うれしいことに、昭和十一年九月半ば、再度上流階級との接触を図るために日本へ戻った。彼女は一つの切り札を用意していた。『スマイリング・ジャパン』なる本を刊行したのだ。これは日本と日本人の美徳をテーマとしたもので、日本の外務省に大歓迎され、スウェーデン語の原文は英語に翻訳されることとなった。案の定この好意に満ちた日本紹介により、彼女は日本で地位のある著名人や華族に温かく迎えられた。

スウェーデン人作家エリザベート・ハンソン（アイノのパスポート名）は、天皇裕《ひろ》仁《ひと》の茶会に招《よ》ばれ、皇居で開かれたレセプションに招待された。だがこれを、ソヴィエト諜報部の大成功とは必ずしも言えないようだ。回想録を読むと、彼女はスターリンよりも裕仁の方がよほど人間味があると考えていたふしがある。自分の身内や友人の多くを逮捕したソ連を、すでに内心では見かぎっていたのだ。(15)

アイノは、天皇の弟秩父宮《ちちぶのみや》殿下と心からの付き合いを始める。殿下は天皇と異なり、〈民主主義的思想〉の持ち主だった。だが彼女の回想録では、苛立《いらだ》たしいことに、日本の宮廷との接触についてはほとんど触れられていない。

実のところ、第四本部東京諜報員としての彼女の任務には、何かあいまいなものが付きまとっている。ゾルゲやクラウゼンの供述においても、〈イングリッド〉の姿はほとんど浮かびあがってこない。彼女はおよそ一年以上も、日本語を学習し東洋哲学に専念した。これはソヴィエトの諜報員としては、異例なほど楽な仕事といってよい。彼女ははたして、第四本部へ情報を提供することで活動資金を得ていたのかどうか。

ウリツキーは、ゾルゲ・グループの金づかいの荒さについては非難したが、アイノには優雅な暮らしが悠々とできるだけの金を与えていた。回想録で彼女は、モスクワの上司をほめたりはしていないが、気前よく金を出してもらい、日本で快適な生活が送

れたことには感謝している。(16)

日本とドイツの接近は、昭和十一年十一月二十五日、コミンテルンに反対する協定すなわち日独防共協定として結実した。ソヴィエト指導層の懸念《けねん》が、最悪の事態となって現実化したのだ。ゾルゲの供述にあるとおり、モスクワでは「当時、日独両国を結びつける主要な標的はソ連である、より正確にはソ連に対する敵意である、と信じて疑わなかった」。(17)

しかしロシアでは、日独防共協定の情報は事前にほとんどつかんでおり、それをめぐって何カ月も討論を行っていた。すべてはゾルゲの功績である。このみごとな活躍は、上級陸軍武官オイゲン・オットと親密になったことによる、最初の貴重な成果であった。

ドイツ大使館は、日独協定に関する秘密折衝がベルリンで持たれていることを、偶然知った。折衝の中心となっていたのは、ナチス最高幹部（後の外相）ヨアヒム・フォン・リッベントロープ、親独家の駐独日本大使館付き陸軍武官大島浩、ドイツ軍事課報部（アプヴェール）の部長ヴィルヘルム・カナリス海軍大将である。この三人だけで、両国の口うるさい政治家や外務官僚の目を盗み、じっくりと話し合いを進めていたのだ。

ヒトラーは、日本が昭和六年、世界の非難を公然と無視して満州を略奪したことに強い感銘を受け、以来日本を反共戦線における有力な同盟国と見なすようになった。彼は『わが闘争《マイン・カンプ》』において、日本人は野蛮で、日本文化はすべて外国からの借りものだと記している。この侮蔑《ぶべつ》は変わりなかったが、そのときはそれを押し隠し、日本をたくみに利用しようと目論《もくろ》んでいた。

一方日本は、次第に硬化していくロシアの態度に手を焼き、ロシアを牽制《けんせい》するヨーロッパの同盟国を求めていた。ドイツとの協定という案に、日本軍は強く食指を動かした。日本軍の強硬派は、ドイツを対ソ侵攻の強力な同調者と信じていた。また軍全体の意見も、この協定により蔣介石《しょうかいせき》に対するドイツの支援が終息し、その結果中国軍の抗日戦線の弱体化が図られるだろうという点で一致していた。

春の初め、軍の反乱が鎮圧されてしばらくしたころ、オットはたまたま日本陸軍参謀本部の知人から、秘密折衝のことを耳にした。興奮を抑えきれないオットは、それをゾルゲに打ち明けた。

これはまったくの極秘事項だ。ディルクセン大使もわたしも、何も聞いていていないのだから。とにかく、非常に重要な会合らしい。わたしは大使から、裏で何が起きているのかベルリンの参謀本部へ問い合わせるよう言いつかった。

これから軍の暗号を使用して、ベルリンへ電報を打つ。ついては、きみの力を借りたい。ただし、このことは絶対に口外無用だ。


ゾルゲはさらに続けている。


わたしはオットの要求に応じ、彼の自宅へ行って暗号打電の手助けをした。極秘のことなので、彼には大使館員に頼むことができなかったのだ。

ベルリンからは、何の回答もなかった。オットはひどく憤慨し、そのことをディルクセンに伝えた。大使は、軍の暗号を用いて再度問い合わせるよう指示した。ゾルゲの手を借りたまえ。ほかの者に知らせてはならない。オットはまたわたしのところへ頼みに来て、二人で再度ベルリンへ暗号による問い合わせをした。

ようやく回答がきた。だがそれには、電報では詳しいことが伝えられないので、日本陸軍参謀本部に問い合わせるよう記してあった。(18)

こうした事情で、ゾルゲは十一月二十五日に締結された日独防共協定の秘密折衝に関する進展状況及び内容について、ディルクセンとオットを除く大使館員の誰よりも詳しく知ることができた。この反コミンテルン協定は、表向きとりたてて問題のないものに思われた。日本とドイツは、共産主義インターナショナルの世界的活動に対する情報交換及び共同戦線で同意したにすぎない。

しかし、ゾルゲがモスクワに報告しているとおり、秘密の付帯条項に毒が隠されていた。その中で、協定の標的はソ連であると明確に指定されていたのだ。日独両国は、もしどちらか一方の国がソ連からいわれなき攻撃あるいは攻撃の脅威を受けた場合、「共通の利益を防衛する」ために協議し、他方の国は「ソ連に有利になるような」いかなる措置も採らないことを誓約していた。これは軍事同盟とは異なる。しかしソ連指導部にとっては、自国に敵意を抱く東西の二つの国による邪悪な共謀の匂《にお》いを、そこに嗅《か》ぎつけずにはいられなかった。(19)

ゾルゲは、これを契機に大使館内の最大極秘事項に接触できるという、特別の恩恵にあずかることとなる。ベルリンとの通信内容を隠蔽《いんぺい》するために用いられた暗号、特にドイツ軍が独自に使用していた暗号もその一つである。彼がそれを写真に収め、モスクワへ送ったことはまずまちがいない。それはソ連の暗号専門家が、ドイツの秘密通信を解読するのに大いに役立ったはずだ。

ところで日独防共協定の秘密折衝については、ゾルゲ以外にもモスクワに警告を発するという手柄を立てたソヴィエト諜報員がいた。ベルリン在留の秘密警察（NKVD）員ワルター・クリヴィツキーである。クリヴィツキーは、自分の部下が日本大使館の暗号表と秘密会談の記録を、昭和十一年の夏に入手したと述べている。「そのとき以来われわれは、大島少将と東京との間の通信を定期的に傍受するようになった」クリヴィツキーは、ソ連と手を切ってから公刊した回想録にそう記している。(20)

これが事実なら、クリヴィツキーはすごいことを、それもみごとにしてのけたと言ってよい。ベルリンの日本大使館と東京との暗号通信傍受ができたのなら、それによりナチスと日本の関係の進展状況は、モスクワに手に取るように伝わったはずだ。ソ連が大島の暗号表を所有していたら、ヒトラーやナチス幹部との会談について、大島が日本政府に送った秘密報告を読み取っていたにちがいない。(21)

クリヴィツキーの入手した情報は、日独会談に関するゾルゲの報告を裏付けるものだった。これ以前にも、一九三〇年代の初めから、ロシアは日本について直接諜報を行い、ゾルゲの東京からの送信を補完していた。

実際、ソ連諜報活動について研究しているある専門家は、一九三〇年代、ソ連はもっとも重要な情報の大半を、日本と日本の在外大使館及び日本軍海外駐屯部隊との間の、通信傍受と暗号解読で得ていた、と述べている。(22)

その専門家によれば、ロシア人は通信傍受に大きな比重をかけていた。それは、スターリンが海外在留の諜報員に病的な疑惑を抱いていたためだ。スパイも人間であるかぎり、女に溺《おぼ》れる弱点を持ち裏切り者にもなりかねない。その点通信傍受は裏切らない。そればかりか、どんなに機敏で要領のよいスパイも及ばないスピードを持つ。

ただしこの分野の諜報員は、暗号システムに精通するという複雑な任務を十分こなさなければならなかった。ソ連諜報活動の幹部たちは、暗号解読に役立つ文書を窃取《せっしゅ》するよう部下に指示していた。もちろんゾルゲも、ドイツ大使館で最近用いられた陸海軍の暗号及び換字一覧表を入手し、それをモスクワへ送るよう求められていた。

だがゾルゲには、何の努力の必要もなかった。それを手にするチャンスは二度、それも向こうから転がりこんできたのだ。一度目はオイゲン・オットが陸軍武官のとき、二度目は大使のとき、ゾルゲに暗号表を渡してドイツのために内々で義務をまっとうしようとしたときのことである。

日独防共協定調印から何日か後、ゾルゲはしばらく休息をとって、花子と二人で東京の南西十五マイルほどのところにある熱海の温泉へ出かけた。昭和十一年十二月のある日のことである。

現在八十歳をこえている花子は、この初めて行った二人だけの旅行を、苦笑まじりで振り返っている。

ある日彼が、一日二日東京を逃げ出そう、と言いました。そしてわたしに、新しいスーツケースを買ってきてくれました。それは骨休めの旅行のはずでしたが、彼はタイプライターを携帯し、ホテルに着いても仕事をしどおしでした。彼は山王ホテルのひと部屋を予約していました。すてきなベッド付きの、洋式ホテルでした。でも、おもしろいことに食事は和食でした。ゾルゲは刺身が大好きでした。彼はどこへ行っても、その土地になじむことのできる人間だったのです。

ホテルは入り江を見おろす山の中腹に建っていました。彼が温泉にいつまでもつかっていたことを覚えています。

夕食は部屋でとり、熱燗《あつかん》でお酒を飲みました。それから二人でベッドへ行きました。彼は激しくわたしを抱擁しました。でもそれは、野性のオスむき出しの欲望とは異なる、とてもやさしい愛撫《あいぶ》でした。乱暴な真似《まね》はゾルゲのやり方ではありません。

翌日は雨でした。どこへも出かけられず、彼はタイプに没頭していました。わたしは窓ガラスをぴちゃぴちゃたたく雨を眺めていました。(23)

都会育ちの花子は、その時期にはほかの客もほとんどいない熱海に、たちまち退屈してしまった。東京を一日離れただけで、もう明るいネオンの輝きが恋しくなったのだ。手持ちぶさたなので、ベッドに腹這《はらば》いになって詩を作り始めた。(24)

しばらくして、ゾルゲはタイプの手を休めて花子のところへ来ると横に寝ころんだ。

「それ、なんですか、ミヤコ?」ゾルゲが訊《き》いた。ミヤコとは、彼が付けた彼女の愛称である。「あなた、何してますか?」

「詩を作っているのです」

「わたし、タイプ打つと、あなた、つまらないですね? でも、ごらんなさい、雨ですよ。外へ出たら、その、あの——」

彼は懸命に言葉を捜した。花子が助け舟を出す。

「濡《ぬ》れる、でしょ。ぬ、れ、る。心配しないで、タイプを打ってください。わたしは詩を作っています」

彼の日本語は、去年初めて会ったときに比べるとかなり上達していた。二人は週の半分をいっしょにすごしていたため、彼は花子に新しい言葉をおそわり、それをノートに書きとめていたのだ。

彼は熱心に勉強したが、日本語をマスターするには時間がかかる。それに彼の心の底には、日本にはそう長くいない、というウリツキーとの約束がこびりついていた。

「ミヤコ、あなた、勉強したいですか？　ゾルゲ、助けてあげます。何を勉強したいですか？」

「音楽です。わたしはオペラを習いたいのです。学校にいるときから、歌手になりたいと思っていました」

「ゾルゲ、ドイツ人の音楽の先生、知っています。東京へ帰ったら、すぐ、そこへ連れて行きます。うれしいでしょう？」

花子はたちまち元気になった。ゾルゲはほとんどタイプを打ちどおしで、疲れると温泉につかっていた。翌日は雨があがった。二人は車で箱根の山道を越え、小田原まで行って東京行きの電車に乗った。

彼は何とすばらしい人間だったでしょう！ 約束したことは必ず果たしてくれたのです。彼の言ったとおり、わたしは歌のレッスンが受けられることになりました。先生はアウグスト・ユンケルさんという武蔵野《むさしの》音楽学校の教授で、わたしに一生懸命手ほどきしてくださいました。ゾルゲはピアノも買ってくれました。でも、わたしのアパートに入れるには無理がありました。すると彼は、わたしに家を一軒借りてくれたのです。それでわたしは、ピアノのレッスンも始めることになりました。それは、いかにもゾルゲらしい行いでした！ 彼は自分のためにはほとんど贅沢《ぜいたく》をしませんでした。金時計一つ、高級服一着買ったことはありません。それなのにわたしの勉強のためになるなら、わたしの夢をかなえさせようとして惜しみなくお金を注ぎこんでくれたのです。(25)

マックス・クラウゼンが日本で最初に無線通信を行ったのは、ガンリー・スタイン（ギュンター・シュタイン）の家においてだった。スタインは、ロンドンの『ファイナンシアル・ニューズ』紙及び『ニューズ・クロニクル』紙の特派員として、昭和十一年に来日したジャーナリストである。彼はイギリスに帰化したドイツ系ユダヤ人で、来日以前からソ連の諜報《ちょうほう》活動に手を染めていたようだ。ゾルゲの供述では、彼は諜報網の単なる〈同調者〉にすぎないとされている。だがこれは明らかに、彼の役割をあえて小さいものとして述べているのだ。(26)

スタインは、自分の家をクラウゼンに自由に使わせた。クラウゼンはそこの二階の部屋で、昭和十一年二月中旬、〈ヴィースバーデン〉（ウラジオストック）と最初の通信を行った。彼はヴーケリッチや自分の家からも通信を行った。これは危険な行為だった。無線装置が警察に発見されたら、有無を言わさずスパイとされるに決まっていた。

クラウゼンは、日本の監視機関には無線通信を探知する能力があると見ていた。それは事実だった。日本の専門家は、昭和十二年に初めて認可外の通信を傍受した。発信源を突きとめる試みがたびたびなされたが、当時の日本には移動式方向探知機がなく、発信地点を二キロ四方の範囲に絞るのが精一杯だった。ただ日本人は、スパイが東京から通信していることはまちがいないと推測した。送信は暗号で行われ、それは政府の暗号解読者にも読み取れなかった。最初彼らは、受信基地を上海《シャンハイ》と考えていた。だが昭和十五年に至り、それがソ連の極東地域であると考えるようになった。だが無線装置を発信場所まで持ち運ぶには、ひどく気を使わなければならなかった。だがクラウゼンは実に要領よく、装置を解体して大きめのトランクに入るようにした。それなら何一つ怪しまれない。とはいえ、危機一髪という目にもたびたび遭遇し、クラウゼンはそのたびに神経を擦りへらす思いをした。ある日ヴーケリッチの家で通信を行って車で帰る途中、巡査に呼びとめられた。巡査は車道へ出て来ると、どこへ行くのかと尋ねた。

ヴーケリッチは車内で、装置を入れた黒いカバンを抱えてうずくまっておりました。わたくしは見つかったのかと思い、心臓が飛び出る思いでした。ところが警官は、ただ注意しただけでした。「ヘッドライトが消えています。気をつけなさい」そのまま荷物を調べるでも、われわれを探るでもなく立ち去りました。(27)

諜報網のメンバーは、当然の予防措置としていずれも暗号名で連絡し合っていた。

ゾルゲは〈ラムゼー〉または〈ヴィックス〉、宮城は〈ジョー〉、尾崎は〈オットー〉、ヴーケリッチは〈ジゴロ〉、クラウゼンは〈フリッツ〉、ガンサー・スタインは〈グスタフ〉であった。

本部との連絡でいつも出てくる場所や人物にも暗号名を用いた。モスクワは〈ミュンヘン〉、ウラジオストックの無線基地は〈ヴィースバーデン〉、オットは〈アンナ〉、ヴェネカーは〈パウラ〉といった具合である。

ゾルゲは、秘密諜報員にとってもっとも有効な自衛策は、完璧《かんぺき》な合法的偽装であると信じていた。彼の考えでは、最良のカモフラージュは、クラウゼンのように商売人になることだった。彼はかなり横柄《おうへい》な口調で述べている。

課報活動を主要任務とするほど頭のよい人間は、もともと商売をしようなどとは考えない。仮にしたところで、成功する見こみはまずないと言ってよいだろう。一般に金儲《かねもう》けの仕事を行うのは、平均あるいはそれ以下の知能の人間である。それゆえそういう人間を装《よそお》っていれば、諜報員は警察の追及を逃れられる可能性も大きいのだ。（28）

ゾルゲはクラウゼンに対しても、この口調と同じように見くだした態度で臨んでいた。彼は、クラウゼンには商売人の偽装がぴったりだと考えていたのだ。
一方クラウゼン自身は、疑惑をそらすため、自分に三つの原則を課していた。

人前では陽気に振る舞う。自分をバカのように見せる。そして特にわたくしの場合は、いかにも素人《しろうと》の無線好き、と思われるように振る舞っておりました。(29)

ゾルゲの報告の大半は、無線連絡をするには長すぎた。そのため、日本語やドイツ語で記した資料の原文、地図、図表などとともにマイクロフィルムに収め、諜報網のメンバーが持ち運んだ。昭和十四年まで、こうした資料や活動資金の受取書や指示の受け渡しは、事前の打ち合わせにより、上海や香港《ホンコン》でモスクワの連絡員と密会して行った。
ゾルゲは三度ほどこの役を引き受け、マイクロフィルムの小容器を脇《わき》の下に隠して国外へ持ち出した。マックス・クラウゼンとその妻アンナは、それぞれ二度ずつ上海まで密使の旅をした。アンナは昭和十一年に上海でマックスと結婚し、ソ連当局からやっとソ連を離れて暮らすことを許可された。それ以来この仕事に携わることとなったが、彼女はまったくいやいや協力していた。そのため周囲の者は、彼女をなだめたりすかしたりしなければならず、あげくに活動資金の一部を自分の買いものにあててもよいという特典まで与えた。

一九三九年（昭和十四年）に第二次欧州大戦が勃発《ぼっぱつ》すると、香港と上海の警察によるドイツ国籍の者への追及が厳しくなり、こうした密使の旅は打ち切られた。

ゾルゲの要請でモスクワは、以後こうした連絡には日本在住のソ連の要員を使うことにした。海外における〈非合法〉活動は、原則としてソ連在外公館との接触を禁じられていた。これは、外交官が絶えず警察の監視を受けている日本のような国においては、確かに賢明な策だった。それだけに、ソ連外交官が尾行者をまいてクラウゼンの自宅や事務所をたびたび訪れていたのは、驚くべきことと言わなければならない。

昭和十五年一月二十七日、クラウゼン夫妻は帝国劇場へ足を運んだ。二枚の入場切符は、月の初め、東京中央郵便局のクラウゼンの私書箱に入っていた。モスクワから接触の手はずを整える指示があり、その後に送られてきたのだ。クラウゼンは、マイクロフィルム三十八本を入れた小容器を持って出かけた。そのフィルムには、ゾルゲがドイツ大使館でひそかに撮影した資料が収められていた。

しばらくすると、一人のヨーロッパ人がクラウゼンの隣の席に音もなく坐《すわ》り、まっ暗な劇場で人目につかず交換が行われた。ヨーロッパ人から渡されたのは、活動資金五千ドルを入れた封筒だった。

この〈モスクワから来た男〉との接触は、その後数回行われた。十一月には、クラウゼンが〈セルゲ〉の名で知っている男と交替した。二人はクラウゼンの新橋の事務所や広尾町の自宅で何度か会った。逮捕後に警察がクラウゼンに見せた写真により、この二人は、ソ連大使館領事部長 (head of consular division) ヘルゲ・レオニードヴイッチ・ヴトケヴィッチと、二等書記官ヴィクトール・セルゲーヴィッチ・ザイツェフと判明した。

ゾルゲの諜報網にとって、尾崎秀実はかけがえのない存在だった。中国の専門家としての彼の評判は日に日に高まり、そのため日本の権力中枢部《ちゆうすうぶ》との接触がますます確かなものとなった。彼の専門家としての立場を何にもまして確立したのは、一九三六年(昭和十一年)の国際会議への出席である。その年の夏、カリフォルニアのヨセミテ国立公園において、太平洋問題調査会の会議が開催された。これは、環太平洋諸国の関係を、思想及び情報交換を通してより緊密にすることを目的として持たれたものである。尾崎は、学生時代からの友人牛場友彦の推薦により、〈支那《シナ》問題〉に関する公《おおやけ》に認められた専門家として、日本代表メンバーに組み入れられた。支那問題とは、日本人が、自分たちしか解決できないと思いこんでいた中国の混乱に対して用いた言葉である（30）。

この会合における演説で、尾崎は余計な波風を立てないよう慎重に配慮した。そのため自分の反感を押し殺し、日本の中国における拡張策をたくみに弁護してみせた。

ヨセミテ会議は、尾崎にとって二つの面で大きな利点をもたらした。一つは日本の代表者と貴重な親交が図れたことである。元老西園寺《さいおんじ》公望《きんもち》の孫西園寺公一《きんかず》との生涯にわたる友情は、カリフォルニアへ向かう船上で育《はぐく》まれた。また牛場友彦との友情もいっそう深まった。二人の新進気鋭の人物は、やがて日本を動かす有力グループのメンバーとなり、尾崎にとって計り知れないほど重要な存在となる。

もう一つは、ヨセミテへの貢献によって彼に対する信望が集まり、権力者に注目されるようになったことである。そして昭和十一年十二月、彼の声価は中国で発生した劇的事件に関する記事で一気に高まった。

満州の軍閥張学良が、国民党党首蔣介石を、陝西《せんせい》省の省都西安《シーアン》で捕縛監禁するという事態が発生した。いわゆる西安事件である。尾崎は『東京朝日新聞』紙上で、これにより国民党員は不倶戴天《ふぐたいてん》の敵共産主義者と手を握ることを余儀なくされ、日本の侵攻に対抗すべく提携するだろう、と予言した。当時の日本の対外強硬ムードの中で、このような予想をたてるには勇気を要した。しかし尾崎の予言はすぐに正しいことが証明された。国民党員は蔣介石の解放を条件に、しぶしぶながら共産主義者と手を結んだのである。

昭和十二年四月、尾崎は著名なジャーナリスト兼評論家として、新たに設置された昭和研究会に参加を呼びかけられた。研究会の目的は、すぐれた政治思想家の力を結集し、極右主義に対抗する新政策立案を試みることにあった。極右主義とは、日本の全体主義化と東亜における専制的支配〈八紘一宇《はっこういちう》〉を信奉する者たちの思想である。

このグループに参加して、尾崎は新たに有力な人々の知遇を得た。その一人が風見《かざみ》章《あきら》で、彼は尾崎の所属する〈支那問題〉研究部のリーダーだった。昭和十二年、近衛《このえ》文麿《ふみまろ》が組閣すると風見は内閣書記官長に抜擢《ばってき》され、昭和研究会は新首相のブレーントラストとして尽力することとなる。(31)

日本と中国との間の敵意が公然たるものになると、尾崎の中国に関する専門知識がますます必要とされた。同年七月七日、盧溝橋《ろこうきょう》事件が発生する。北京《ペキン》近郊の盧溝橋(マルコ・ポーロ橋)周辺で日中両軍のこぜりあいが続いていたが、この日ついに、両軍の正面衝突という決定的局面を迎えたのだ。尾崎はある雑誌に、この事件は「世界史上類例のない重大事件に発展しかねない」という見通しを発表した。(32)〈支那事変〉の行方に対する尾崎の展望に、ゾルゲは特別の関心を抱いた。尾崎の分析を読んだ彼は〈支那事変〉の重大性を無視できず、諜報網メンバー全員に関連情報を全力をあげて収集するよう指示した。

尾崎は〈支那事変〉は単に極地紛争の域にはとどまらず、必然的に日中の長期戦へ発展すると予想していた。ゾルゲは、ドイツ大使館からこの事件の解説を求められたとき、尾崎の意見をまるで自分の意見であるかのようにして大使と武官に伝えた。

わたしはディルクセンとオットに見解を述べた。初めは二人とも笑っていたがやがて理解した。おそらくわたしと尾崎だけが、蘆溝橋事件は日中間の長期戦の引き金となると見ていた。わたしはこのことをモスクワに、自分の意見を添えて報告した。(33)

尾崎は〈支那事変〉により、日本のロシア侵攻の危険はしばらく遠のいたと考えた。日本軍が対中国戦で手一杯となれば、ボルシェヴィキを粉砕しようとする野望は当面棚あげされるだろう。この見解も、ゾルゲによりドイツ大使館とモスクワ上層部双方に伝達された。

日中の戦闘は、開始後すぐに燎原《りょうげん》の火のごとく華北一帯に広がった。七月下旬、日本軍は北京と天津《テンシン》を占拠した。十一月には上海を、十二月には中国の首都南京も併呑《へいどん》した。日本国内は楽勝ムードに酔いしれ、この戦争は三カ月以内に終結すると思っていた。ところがそこに誤算があった。日本軍は、国共合作による中国軍の猛反撃に遭遇したのだ。こうして戦局は、広大な大陸を舞台として次第に底なしの泥沼状態と化していった。

当初日本は、中国国民党政府を〈こらしめる〉、という名目でこの戦争を開始した。しかしその目標は、昭和十三年に至ると〈東亜新秩序の建設〉にまで拡大した。日本兵は国民の歓呼の声に送られて出征した。戦いはやがて〈聖戦〉と呼ばれるようになる戦闘へと結集された。聖戦はニュース映画や新聞において、困難を伴った、しかし栄《は》えある一連の勝利として報道され、「国民を総動員し、かつ統制し、あらゆる戦争反対論を封じこめる口実と化した。反対論とは、戦争に対する非難ばかりでなく政府に対する非難まで含んでいた」。(34)

中国で切られた戦端の火ぶたは、ゾルゲにとって大使館で自分の存在をいっそう重くする新たなチャンスであった。尾崎の意見を自分のものとして述べることでゾルゲの威信はさらに増大し、しばしば大使の部屋へ助言のために呼ばれるまでになった。

また彼は、当然のこととして、オットが大使館内に設けた、日本軍の兵力、装備、中国での活動状況を調査するグループに参加するよう招かれた。この調査は数カ月に及んだが、ここから、日本軍の軍需物資の調達、航空機、軍事訓練、部隊配置等に関する多くの有益な情報が得られた。ゾルゲはそれらの資料を秘密に撮影してモスクワへ送った。

戦火の拡大に伴い、尾崎の中国に関する専門知識もますます重視されるようになった。昭和十三年七月、彼は風見章の推薦で〈内閣嘱託〉として近衛の側近に加えられる。そのため『東京朝日新聞』社を退社し、首相官邸内の事務所へ移った。

尾崎は権力の内懐《うちぶところ》へ入り、機密情報に接しながら〈支那事変〉にいかに対処するかの提言を行った。しかし彼は後になって、政府の方針はすでに明確に敷かれていたため、この立場を自分の政治目的実現のために活用することはできなかった、と強調している。

むしろわたくしは、この立場を利用して日本の政治の実際的進路を明確につかみ、正しい情報を得ることに専心いたしました。もちろんわたくしは、内閣で得た情報

をゾルゲにまわしました。(35)

昭和十二年十一月、近衛首相の非公式補佐グループが新たに結成された。いわゆる〈朝飯会〉である。主唱者は近衛の二人の私設秘書、牛場友彦と岸道三《みちぞう》であった。二人はまず西園寺公一と尾崎秀実に協力を呼びかけ、順次ほかの〈賢人〉にも手を広げていった。朝飯会は、近衛自身は出席しなかったが、首相のために政策案を徹底討論する場となった。

尾崎はこの精鋭グループにすっかり溶けこんだ。彼は著名な政治評論家として、貴重な情報の供給源であり健全な判断の持ち主であることを認められ、仲間の尊敬を集めた。彼が知的な同僚たちと交際して深い親交を結び、自分の意見を発表する機会を持てたことを喜んでいたのはまちがいない。同時にこの会合は、ゾルゲのための秘密活動にも非常に有益であった。朝飯会は、そこで多くの機密情報に接することができたばかりか、日本の政策決定者を操る影の力としての意味も持っていたのである。

尾崎は偽装の必要もなく、日本の精鋭グループに堂々と接近した。一方ゾルゲは大きな個人的代償を払い、ドイツ大使館にたくみに溶けこんだ。彼は生粋《きっすい》のナチス外交官に対する強い嫌悪感《けんおかん》を、愛想のよい忠実なナチ党員の物腰の陰に押し隠していた。

昭和十二年九月二十七日、大使館の庭園で撮られたある結婚式の写真を見ると、ゾルゲがいかにみごとに敵地へ潜入したかがわかる。彼を取り囲んでいるのは、報道課長ミルバッハ伯爵《はくしゃく》、大使館付き上級陸軍武官オット大佐、ディルクセン大使とその夫人といった面々である。この結婚式は大使が取りしきったもので、新郎は三等書記官ハンス＝オットー・メスナーであった。後年メスナーは、「ゾルゲは、誰からもその存在を認められていた」と記している(36)。メスナーはゾルゲを友人とは見なしていなかった。彼はゾルゲの「頭のよい」点は買っていたが、「ひどいうぬぼれ」にはついていけなかったのだ。(37)

二人は親しく言葉を交わしたことはなかったが、メスナーにすればこの評判高いジャーナリストを結婚式に招待しないわけにはいかなかった。ゾルゲは大使のおぼえめでたく、ドイツ人社会の誰よりも大使館の受けがよい人間だった。

この写真に写っているもう一人の若手外交官は、五十年以上も経《た》ってから、この日のことを回想している。

言うまでもなく、ゾルゲの振る舞いには、彼がわれわれが考えているのとは別人だと思わせるようなものは、何一つ見あたらなかった。彼は尊敬されるジャーナリストであり、ディルクセンとオットのよき助言者であり、大使館にすっかりなじんだ人間だった。（38）

日本におけるドイツ人社会はきわめて小規模であった。昭和八年版『日本国・満州国年鑑』（Japan-Manchukuo Yearsbook）によると、当時の在日ドイツ人は千百十八人となっている。ただし昭和十五年ごろには、この数はおよそ倍に増加した。地域的にいちばん多く集中していたのは東京であるが、ドイツ外交使節はこの島国のあらゆるところに散りぢりに住んでいた。（39）

ドイツから見ると、日本はまさに地の果てだった。当時、快速艇〈ノース・ロイド〉号に乗っても、日本からハンブルクまで六週間かかった。急ぎの場合にはシベリア鉄道を用いれば、下関、釜山《プサン》、ハルビン、満州里《マンチュリ》、モスクワ経由で、ベルリンまで十六日間で行けた。だがそのルートも、昭和十六年六月、ヒトラーがロシアを攻撃した際に絶たれてしまった。

東京にあるわずかな故国の香りは大いに珍重された。ドイツ人クラブは、ホームシックにかかった者たちの憩《いこ》いの場であった。それは東亜ドイツ協会（German-East

Asia Society＝ＯＡＧ）の建物の一画に置かれていた。ＯＡＧは質素な一階建てで、大使館から歩いて五分のところにあった。表門には曲線を描いた日本瓦《がわら》が取り付けてあり、ガラス戸ごしに建物に囲まれるように設けられた、池と竹林のある庭園が見えた。

ゾルゲはＯＡＧの図書館や閲覧室へたびたび足を運んだ。そこに『フランクフルター・ツァイトゥング』紙が置いてあったが、いずれも月遅れのものだった。本もそれなりに揃《そろ》ってはいたが、大部分は東洋文化に関する文献だった。その中に、ドイツの人類学者の著した、いっぷう変わった研究資料があった。日本の若い女性の頭部や身体各部のサイズが計測され、標本として彼女たちの裸の写真が何枚も挿入されていたのだ。

フリーダ・ヴァイスは、ＯＡＧの事務員として働いていたとき、最初にゾルゲに目をつけられた女性だった。彼は彼女に近づくと、自分の報道記事をタイプしてもらえまいか、と頼んだ。

わたしは二・二六事件に関する、彼の長い報道記事をタイプした。実を言うと彼は、わたしに自分の助手になってほしいと頼んできたのだ。だがわたしは目が悪いので、その依頼を断った。（40）

ドイツ人クラブはＯＡＧの事務所の向かいで庭園に面しており、そこにコンサートホールでもあり集会場でもある大会場や、バー兼レストランが設けてあった。一九三〇年代中ごろには、ナチス東京支部員がここへ定期的に集合し、〈ホルスト・ヴェッセル・リード〉のような軍隊行進曲を吠《ほ》えるような大声で歌ったり、名の知られた党員のアジ演説に耳を傾けたり、『国家社会主義の基礎知識』といった入門書で、ナチスの基本原理を学んだりしていた。

祖国の空気に浸りたくなったら、それはローマイヤーのような店に漂っていた。この店ではメニューに豚足料理を載せており、カウンターには上等のソーセージ《ヴュルシュト》を置いていた。有楽町のドイツ風パン菓子屋にあるアプフェルシュトリューデルやブラック・フォレスト・ケーキは、最高だという評判だった。レストラン兼バーのラインゴールドには、かなりいかがわしい店ではあるが、ライバル店があった。フリーダーマウスという狭くて陰気なドイツ風バーで、ゾルゲはときどきそこへ顔を出した。彼の友人の記者フリードリッヒ・シーブルクは、ゾルゲに付き合ってそこへ行ったことがあるが、あまりよい印象は受けなかった。

そこには、日本らしさのかけらもなかった。ただ、下層階級の出と思われる日本人ウェイトレスが一人か二人いて、客が来ると横に坐《すわ》り、腕を首にまわして下品に笑いかけるのだった。(41)

ドイツ人ビジネスマンや外交官が夜会の招待客名簿を作るとき、ゾルゲの名をもらすことはまずなかった。だがときどき、彼を招待して後悔させられることもあった。彼は金持ちの上品ぶった連中を見ると、すぐに相手の神経を逆なでするようなどぎつい冗談を言い、女とみると人妻、未婚を問わず、まったくの遊び心で手を出したのだ。当時三十歳の独身女性だったフリーダ・ヴァイスは、ゾルゲのことを〈サロン荒らし《サロンローヴェ》〉と呼んでいる。

女たちは、すぐ彼に熱をあげた。男たちは彼に嫉妬《しっと》しても、それを懸命に押し殺そうとした。

彼女は、ドイツ人クラブでパーティがあったときのことを覚えていた。そのとき彼女はゾルゲと二人で情熱的なタンゴを踊り、彼の強い力でターンを繰り返した。踊っているようだった。と彼はエネルギーのかたまりとなって、脚の不自由さなど忘れ去るようだった。

どこのパーティでも、ゾルゲは顔を出すと人気の的となった。(42)

昭和十二年十一月下旬のある晩、ソ連の諜報員《ちょうほういん》〈イングリッド〉ことアイノ・クーシネンは、ゾルゲから急用だからと呼び出された。だがアイノが失望したことには、行ってみるとゾルゲはぐでんぐでんに酔っぱらい、ソファにひっくり返っていた。そばには、ほとんど空になったウィスキーの瓶がころがっている。彼ほどの責任ある立場にいる男の姿として、それは何とも嘆かわしいものだった。(43)

だがゾルゲは、酔ってはいても言うことはてきぱきしていた。モスクワから、〈イングリッド〉に連絡せよという指示があった、というのだ。

全員ただちにモスクワへ帰還せよ、という命令だ。もちろんぼくもさ。きみはウラジオストック経由で戻り、そこで詳しい指示を待つように、ということだ。命令の真意はぼくにもわからない。

　モスクワに不穏な空気があっても、きみは心配しないことだ。ぼくは、この命令が本当に大事なものかどうかわかるまでここを動かない。でも部長たちに会ったら、こう伝えてほしい。ぼくがいま東京を離れたら、せっかく築きあげたコネが台なしになってしまう。どうしても来年の四月までは動けない、と言っていたとね。

アイノが立ち去ろうとすると、ゾルゲは奇妙なことを口にした。それは、彼女の胸にこびりついていつまでも離れなかった。彼はこう言ったのだ。

　きみはとてもすぐれた女性だ。きみのように、しっかりした判断力を持った女性には会ったことがない。でも、ぼくの判断力の方がもっと確かだよ！（44）

アイノが十二月にロシアに戻ると、モスクワの空気はこの前よりもっと険悪になっていた。第四本部長ウリツキー大将は逮捕され、銃殺刑に処せられたようだった。

　そのほか大勢の諜報員も海外から呼び戻され、やがて姿を消していた。アイノ自身も〈人民の敵〉というでっちあげ容疑のもとに身柄を拘束された。彼女は、東京で別れぎわにゾルゲの言ったことがようやく理解できたが、時すでに遅かった。彼は明らかに、自分たちを脅《おびや》かす危険を敏感に察知して、帰還命令に従うまいとしていたのだ。アイノはNKVD職員の厳しい尋問を受け、その過程でソ連上層部のゾルゲに対する見方をはっきり悟った。ゾルゲの評価は、どうやら急転直下の運命を辿《たど》っていた。アイノが聞いたところでは、ゾルゲは人民の期待を〈最悪の仕方で〉裏切った。彼の提供した情報は、きわめて不十分なものだった。彼は大量の金を浪費している、というのだ。さらにNKVD職員は、彼には〈何度も〉帰還命令を出した。それはスターリンが自ら発したものだ、と言った！

アイノはゾルゲにモスクワへ戻るよう、手紙を書くことを命じられた。彼女にすれば、それはナンセンスだった。スターリンの命令を無視した男が、どうしてわたしの言うことを聞くとお思いですか？　NKVD職員は、きみというい人の頼みなら、彼だって放ってはおけまい、と言った。とんでもない、とアイノは反発した。わたしはゾルゲのいい人なんかじゃありません。そんなことが耳に入っているとしたら、まったく根も葉もない噂《うわさ》にすぎません。(45)

アイノの尋問が行われたのは、一九三八年初頭のことである。モスクワの空気はひどくとげとげしくなっていた。スターリンの敵の駆除作業はすさまじい勢いで進行し、第四本部のベルジンも彼の後継者も処刑された。ゾルゲは、彼らの運命について直接には何も知らなかったが、こうした変化を敏感に感じ取っていたふしがある。

世界各地にいたソ連諜報員はいずれも帰国命令を受けていた。一九三七年にこの命令を受けなかった者がいたら、それは異例のことと言わなければならない。幹部クラスの諜報員を呼び戻すときには、決まって彼らの自尊心をくすぐる方法がとられた。おそらく召還にあたっては、次のような言い方がされたものと思われる。担当国の情勢についてきみたちの口から直接訊《き》きたい。是非モスクワに戻ってはしい。ゾルゲに対しても、多分似たような連絡が来たにちがいない。(46)

しかしゾルゲの方がもっと読みが深かった。モスクワのできごとからは離れていても、粛清に関する無数のニュースは東京へ伝わっていた。彼は〈見せしめ裁判〉と流血の惨事を報じた、ドイツ、イギリス、アメリカの新聞を入手していた。やがて一九三七年九月、彼の旧友でNKVDを脱走していたイグネース・ライスまたの名ポレツキーがスイスで暗殺されると、世界中の新聞がそれを大々的に取りあげた。

アイノも、召還命令に応ずるべきかどうかで悩まなかったわけではない。フィンランドの諺《ことわざ》にいう〈前はびしょびしょ、後ろはどろんこ〉の間で迷ったのだ。もちろん自分の名前も、スターリンの〈処刑者リスト〉に載っているだろう。だが応じなければ、ソ連政府は自分を追いつめて捕えるイヌを差し向けてくるのではなかろうか？

ゾルゲの自衛本能は、確かにアイノのそれより鋭敏だった。彼はモスクワへの帰還命令に隠された罠《わな》に感づき、その場を動かない釈明を考え出した。日本にいても決して幸せではなく、ロシアへ帰りたい気持ちは切実だったが、カーチャへの手紙で明らかなとおり、帰るにはロシアの空気があまりに〈険しい〉と判断したのだ。

アイノは、命令を無視した彼のやり方は正しかったと悟った。「ゾルゲがあのとき従順に戻っていたら、まちがいなく粛清されていただろう」(47)

記者の仕事はゾルゲの諜報活動にとって、決して単なる表向きの顔ではなかった。また記事の内容で、ドイツ大使館を幻惑する手段でもなかった。彼は日本や中国におけるこの隠れみのにプライドを持ち、プロの記者と同じくらい真剣に偽装の職業に打ちこみ、その一方で、政治、経済、軍事情報をきちんきちんとロシアへ伝達していた。

昭和十二年からは、定期的に『フランクフルター・ツァイトゥング』紙に寄稿するようになる。この新聞は彼に言わせれば、「ドイツの最高水準をいく代表的新聞」であった(48)。ゾルゲは最後までこの新聞の正式社員とはしてもらえず、契約外の

〈投稿者〉であった。だが、彼は同紙に多くの記事を寄稿した。一九四〇年、四一年には〈S〉なる署名入りの記事が大抵月に四、五回は見受けられた。

『獄中手記』では、『フランクフルター・ツァイトゥング』紙は「わたしの記事のおかげで国際的評価が高まったと、たびたび賞賛してくれた」と満足げに記している。(49)

それればかりか、彼はドイツで「日本に派遣された最高の通信員」と認められた、とぬけぬけと述べてもいる。これに、ドイツ外交官のすべてが賛成していたわけではない。大使館の報道課長ミルバッハ伯爵は、ゾルゲはジャーナリストとしては並の存在で、教養に欠けている、と考えていた。だがオイゲン・オットは、まちがいなくゾルゲを他のジャーナリストからぬきんでた存在と見ていた。「あの男は何でも知っている」これが、オットが口ぐせにしていたゾルゲ評である。

ゾルゲは、初めは外務省で開かれ、昭和十五年からは内閣情報部に移管された共同記者会見に、何ら目新しい収穫もないのに律義《りちぎ》に出席した。あるアメリカ人記者が述べているように、外務省報道官は質問に対してあたりさわりのない答弁をするだけで、進んで情報提供をするようなことはまずなかった。

ゾルゲの様子から、彼がこんなやりきれない会見は早く終ってくれ、と考えているのは明らかだった。(50)

外務省は、政府の方針に関する機密保持を気にするあまり、ほとんど何も語らなかった。だが、外国人記者団の意に沿おうとする努力が、まったくなされなかったわけではない。加瀬俊一《としかず》は情報部の若手職員であったが、彼の任務の一つは、ゾルゲを含めたドイツ通信員と交流を図ることだった。加瀬は回想している。(51)

ゾルゲは外務省で開かれた共同記者会見に、少なくとも週に一度は顔を見せた。彼がほかの外国人記者に混じって坐っているのを、わたしは何度か目にした。

ゾルゲはこの若手外交官に、職業的記者としては特別の印象を与えなかったようだ。加瀬はベルリンの日本大使館に一年勤め、くだけたドイツ語を身につけている人間だった。

彼は特に優秀な人間だとも見えなかった。わたしは彼をごく普通の記者で、特別目立つところのない人間だと、軽く考えていた。ただなかなか礼儀正しく感じがよいことは事実だった。これは、スパイというものがいつも身につけている態度である。

ゾルゲは、公《おおやけ》の人間関係を広げることに熱心だったため加瀬の提案に応じ、やがて二人の間に親交が深まった。昭和十一年のある日、彼は加瀬を永坂町の自宅へ招いた。

ゾルゲはバッハが好きで、わたしにも何曲か聴かせてくれた。その中に、ブランデンブルク協奏曲もあったように思う。彼は、わたしも音楽好きだということを心得ていた。ワイマール共和国が終焉《しゅうえん》に向かう日々をドイツですごした者は、例外なく音楽好きなのだ。ドイツは世界の音楽の中心地と見なされていた。

そのときゾルゲの家に、一人の若い女がいた。だがゾルゲが紹介しなかったので、加瀬にはそれが誰かはわからなかった。おそらくそれは、昭和十一年の夏にゾルゲと同棲《どうせい》していた花子であったと思われる。

昭和十三年二月、ゾルゲは夏にはロシアへ戻れることを期待していた。そして、カーチャに次のように書き送った。

去年の秋に戻ると言った約束は果たせなかった。きみはもう待ちくたびれたかもしれないけれど、今度こそすぐに帰れると思う。できれば、ぼくが着くまで夏休みを取っておいてほしい。そして、いっしょにどこかへ出かけよう。ではそのときまで、ぼくの大事な人へ（アウフヴィーダーゼーエン・マイネ・リーベ）。きみのイーカより。(52)

ゾルゲは、カーチャに何度となく気をもたせてはぬか喜びをさせたが、この手紙には自信に満ちた希望の響きがある。しかし、すべては気まぐれな上層部の意向一つにかかっていた。昭和十三年四月二十六日、彼は第四本部長に帰還願いを出した。

小生がたびたび帰還の希望を出した理由について、部長はよくご存知のことと思います。小生の当地における活動期間は、すでに五年目に入ろうとしているのですよ。それがどれだけきついものかも、おわかりいただいているはずではないでしょうか。

この伝言には、勇敢でひたむきな諜報員というこれまでのゾルゲ像とはそぐわない、どこかだだっ子じみた調子が窺《うかが》える。ゾルゲは確かにそのイメージどおりの人間ではあったが、本部との連絡においては、いつも赤軍の精鋭諜報員に求められる、歯を食いしばり、不屈の精神で困難に耐える顔ばかりは示していなかったようだ。

この訴えをした時期は、きわめて興味深い。彼は前の年には帰還命令を拒否し、十一月に、部長には「来年の四月までは東京を離れられない」と伝えてくれるよう、アイノに頼んでいる。

彼はなぜ、四月までと言ったのだろう？　それについては知る由《よし》もないが、粛清の危機がそのころまでにはおさまると信ずる根拠でもあったのだろうか？

スターリンの血なまぐさい粛清劇は、一九三八年の春もまだ続いていたが、だいぶ下火にはなっていた。ゾルゲのコミンテルン時代の同僚ニーロ・ヴィルターネンは、その年銃殺刑に処された。一九三五年の夏、ロシアに対するゾルゲの疑惑と鬱憤《うっぷん》の聞き役になってくれた友人である。ゾルゲは二つの点で容疑をかけられていた。一つは、彼が処刑された元第四本部長ヤン・ベルジンの腹心の部下であったため、トロツキストとつながりがあるのではないかという点。もう一つは、彼はロシア人ではないため、ドイツの手先となって二重スパイを働いているのではないか、という点である。彼は、こうした容疑のことを知っていたはずだ。帰還したらこの二つの〈罪状〉に対し、大きな代償を払わなければならないことがわかっていたはずなのだ。それなのに帰還を請《こ》い願い、それが聞き入れられることにかなり楽観的になっているのである。

その年の二月、ディルクセンはひどい喘息《ぜんそく》のせいで大使を辞任し、ドイツ大使のポストは空席となった。数週間後、前年秋に少将に昇進していた陸軍武官オイゲン・オットに、ベルリンから大使就任の打診があった。オットはそのことをゾルゲに告げて、彼の意見を求めた。

「このことはまだヘルマ以外には知らない。きみはどう思う、承諾すべきかね?」

ゾルゲの胸の内をどんな感情がよぎったかは推測する以外にない。オットが大使となれば、第三帝国の権力中枢《ちゅうすう》に直結してしまい、自分とは遠い存在となる。そしておそらく、武官時代より慎重になって、前のように機密文書を気楽に見せたりしなくなるだろう。しかしそれ以上に、ゾルゲはオットの昇進で、日本における自分の存在価値がまた高まったとモスクワに映る、と読んだにちがいない。そうなれば、近い将来の帰還要請は却下されてしまう。

「受けるのには反対ですね。受けたら、自分を欺《あざむ》かなければなりませんよ。ヒトラーの大使となれば、信念に反しても命令を完遂しなければなりませんからね」

ゾルゲは後年友人に対して、あのときはオットのためを思って心から言ったのだ、と述べている。まともな人間が薄汚れた政権の中枢に入れば、結局手を汚さずには済まされない。これはいかにも親切な忠告のように聞こえるが、はたして額面どおりに受け取ってよいものかどうか。(53)

だがオットは、日本におけるヒトラーの全権大使という、権力と栄光の座の誘惑に勝てなかった。四月二十八日、彼は信任状奉呈のため、四輪馬車で皇居を訪れた。ヘルマを伴ったオットが、天皇裕仁に謁見《えっけん》するため桜田門橋を渡って皇居外苑《がいえん》へしずしずと馬車を乗り入れたとき、お濠《ほり》のまわりの桜はきらめく春の陽光に輝いていた。

時を前後して、香港でソ連諜報員が密会の手はずを整え、ゾルゲの膨大なフィルム、報告書、手紙、それに東京諜報網の活動資金受取書を手渡すことになった。ゾルゲはオットに、取材のためイギリス租界まで行ってくる旨《むね》を告げた。するとオットは、ついでにドイツ大使館のために密使役を買ってほしいと依頼した。その代わり、ジャーナリストとして信用される措置は十分に取る。こうして急遽《きゅうきょ》出入国許可証が発行され、彼は税関や警察の審査を受けずに動けることとなった。彼が述べているように、「敵対する両陣営の機密文書を携えて、マニラと香港へ密使の旅を行った」わけである。

この帰国直後、ゾルゲは酒を痛飲した。そして五月十三日の早朝、オートバイで帰宅する途中で大きな不運に見舞われた。アメリカ大使館わきの路上で、血まみれになって倒れているところを発見されたのだ。やがて聖路加国際病院へ救急車で運びこまれる。この致命的とも言える事故により、数々の深刻な波紋が生じた。一連の整形手術が終了して包帯が解かれたとき、ゾルゲの容貌《ようぼう》はすっかり変わってしまった。

額のしわは以前より深まり、ぼってりしていた唇は薄くなり、鼻の脇《わき》から口元へ走る筋がはっきり目につくようになった。口の中が化膿《かのう》して、事故で折った以外の歯も次々と抜かなければならなくなり、上下のほとんどが不快な入れ歯となった。かなりの間、笑おうとしても顔をゆがめることしかできなかった。

事故のちょうど三年後に彼と会った一人の女性は、顔形のあまりの変わりように仰天した。「何だか悪魔の面でもかぶっているようだった」(54)

花子は衝突事故の翌日、病院で彼と会ったときのショックを回想している。

衝突したはずみで、オートバイのハンドルに顔を強く打ちつけたのです。わたしは、彼の顔はもうずっとめちゃめちゃになったままなのだろう、と思いました。それよりもこわかったのは、脳に影響が出ることです。彼がこのまま、半分痴呆《ちほう》のようになって生きていくことになるのではないかと思うと、気が気ではありませんでした。(55)

ゾルゲは激しい脳震盪《のうしんとう》に襲われたが、レントゲンでは脳障害の兆候は特に認められなかった。

しかしドイツ大使は、この事故でゾルゲの精神的不安定さが増したことに気づいた。およそ四年後、彼はベルリンへ書き送った。「彼は神経障害に陥っています。これは一九三八年の事故で、頭蓋《ずがいこつ》骨骨折をした後遺症であります」(56)

友人の中には、このできごとはゾルゲの人生の分れ目になったと見る者もいる。彼らは自分たちのよく知っている人間の〈事故前〉と〈事故後〉の様子について語り、その人間に、容貌の変化だけでなくもっと根本的な変化が生じたことを認めているのだ。(57)

まだめまいはおさまらなかったが、ゾルゲは退院して大使官邸でしばらく静養した。そのときオットは、上官との打ち合わせやヒトラーへの謁見のためベルリンへ発《た》っていた。ヘルマも夫を追う予定で、六月二日の乗船券を予約していた。

出発までの短い日々、彼女は自分の愛している男の世話を思う存分やいた。二人の愛はすでに終っていたが、彼女はこの機会を利用して、彼が身動きできないくらいたっぷりと愛情を降り注いでやりたいと考えたのだ。社交上の務めがあるときでも、「怪我人《けがにん》の様子が心配なものですから」と言ってそそくさと立ち去る。当然それは、ドイツ人社会のおしゃべり雀《すずめ》を黙らせてはおかなかった。

だが、ヘルマが包帯を替え、歯ぐきが治るまで固形物が嚙《か》めない彼にスープを用意してやって愛を呼び戻そうとしても、失望する以外にはなかった。この時期のことを回想するゾルゲの口調には、ヘルマに対する感謝のかけらも見あたらない。彼は友人に語っている。

そうさ。何もできない人間を、親切の押し売りでうまくまるめこむ。あの女はそういうのが得意なんだ！　どこの病院だって、あれくらいの世話はしてくれるさ。

だから、ちょっとでも動けるようになったら、すぐにあそこを飛び出した。あの女のしかけたワナから逃れるためにね！(58)

この事故で、モスクワ帰還の最後の望みは断たれた。十月七日、ゾルゲは愛するカーチャに切々と訴えた。

今年の初め手紙を書いたときは、この夏を必ずきみと二人ですごせると思っていた。どこへ出かけたらいいか、ちゃんと計画まで立てていたのだ。

でもぼくはまだここにいる。本当に何度きみとの約束をすっぽかしたことだろう？　いつまでも待ちぼうけを食わされるのはもうたくさんだ、と思われても仕方がない。ぼくは事故に遭ってしばらく入院していた。でもいまはすっかりよくなり、前のとおり歩いている。

ただ、ひどい顔になってしまってもう元に戻らない。また怪我をして、歯もほとんどなくなってしまった。でも、このごろやっと入れ歯がしっくりしてきた。オートバイ事故を起こしたのだ。戻ったらきみは、ぼくのすごい顔を見ることになるよ。まるで、ぶっつぶれたゴムの兵隊だ。まったくぼくってやつは、戦争で五カ所も大

怪我をしときながら、また何本も骨を折り、いっぱい傷をこしらえてしまったんだから。(59)

昭和十三年六月十三日、NKVD極東方面司令官G・S・リュシコフ将軍が、越境して満州へ入り日本軍に保護を求めた。この亡命事件にロシア側はあわてふためき、日本側は敵国の情報と宣伝内容が、先方からころがりこんできたことに大喜びした。リュシコフは東京の陸軍参謀本部へ連行されて尋問を受け、極東におけるソ連軍の配置態勢及び高官を対象としたスターリンの残忍な粛清に対して、赤軍内部に渦巻く不平不満を次々と暴露した。そして、自分の生命《いのち》も危うくなったため亡命を決心した、と述べた。

まだ負傷からの回復途上にあったゾルゲは、日本の新聞が軍の発表を受けて一斉ににぎにぎしい大見出しで取りあげたこの亡命事件を、初めはさほど気にしなかった。

しかしモスクワ上層部は、これを由々しき一大事と見ていた。彼らは、ドイツ軍事諜報《ちょうほう》部長ウィルヘルム・カナリス海軍大将が、日本へ中佐クラスの防諜活動員を急派してリュシコフから直接事情聴取したと聞いて、どれだけの秘密が漏れたのかをしきりに知りたがっていたのだ。

同年九月五日、クラウゼンは本部からの次のような指示を受信した。

ラムゼーへ。あらゆる努力を払い、カナリスの特使がグリーンボックス（日本軍）から受け取った報告書の写し、あるいは、その者のリュシコフに対する直接尋問の結果を入手せよ。この件に関して、現在判明している事実を至急報告せよ。極東。（60）

ゾルゲほど有能で技術に長《た》けた諜報員にとっても、これは容易ならざる要求だろう、とクラウゼンは思った。「ゾルゲはこの指示に頭をかかえこんだ」後年彼は取調べ官にこう述べている。（61）

だが、陸軍武官補エルヴィン・ショル少佐が、ゾルゲを信頼しきっていたため、リュシコフがドイツの防諜活動員に漏らしたことで、自分の知っているすべてを喜んでゾルゲに伝えたのだ。ゾルゲはそれに、「日本軍とドイツ軍は、リュシコフの話で知った赤軍の弱点を衝《つ》きかねない」という意見を添えてモスクワへ報告した。

カナリスの命令で作成された報告書は、数百ページに及ぶものだった。大使館保存の写しをショルから見せられたゾルゲは、折りを見て全体の半分ほどをたくみに撮影した。それもマイクロフィルムで、翌十四年一月に無事モスクワへ送られた。（62）

これによってソ連は、極東における自国の軍事力及び兵士の士気に対する、日本とドイツの認識度合いを把握できた。さらに重要なのは、赤軍は防衛態勢の完備、部隊内反対分子の排除を行い、日本軍の攻撃拠点を知ってそれに備えることができたことである。

リュシコフの亡命に関するゾルゲの報告によって、ソ連の指揮官たちは自国の軍事力に対する日本軍の評価度合いを内々にキャッチできた。ゾルゲ事件を担当した吉河光貞検事によれば、このためにノモンハンにおいてロシア人は圧倒的に優位に立った。「これは、モスクワのためにゾルゲが日本で果たした八年間の活動の中でも、最大の功績の一つである」数十年後、このように断言している。（63）

諜報員〈ラムゼー〉はこうして任務を果たし続けたが、第四本部の上司たちは、彼の自堕落な生活ぶりを決して快く思っていなかった。彼のたびたびの帰還要請に対して、彼らがきわめて狭量《きょうりょう》な応対をしたことは想像に難くない。あの男は昭和十二年の帰還命令に従わなかった。それをいまになって、自分の任務の辛《つら》さをくどくどと言いたてている。赤軍諜報員の生活に、バラの寝台でも期待しているのか！

昭和十四年、密使によって運ばれた〈敬愛する部長〉宛《あ》てのゾルゲの手紙には、不満と悲観が満ち満ちている。とりわけ彼は、オットが大使の重責を負って、以前よりも自分と疎遠《そえん》になったことを嘆いていた。

オットはついにナチスの要人となりました。そのために、小牛と付き合い、二人だけで話し合う機会がずっと少なくなりました。今後の見通しは、暗いと言わなければなりません。(64)

彼はまた、自分にとって最高の情報提供者たちが日本を去ったことを悲しんでいる。おそらく、ショル少佐とヴェネカー大佐のことを言っているのだろう。(65)

もう一つの悩みの種は、日本当局の外国人に対する取締まりが一段と厳しさを増して、従来のように自由に動きまわれなくなったことだ。

当地におけるわれわれの活動にとって、最良の時期は完全に過ぎ去ったと言わなければなりません。少なくとも、まもなく過ぎ去ろうとしています。

東京諜報網は立派に任務を果たしているという、プラス面を強調した通信文もある。クラウゼンは無線技師として十分責任を果たし、モスクワとの連絡は順調にいっている。

だからこそゾルゲにすれば、自分はもう日本でやるべきことは十分やったので、いいかげんに交替させてほしい、と言いたかったのだ。

再度申しますが、どうか新たな要員を派遣してください。少なくとも、小生と交替する同志を送ってください。

小生はすでに日本に六年、極東には九年滞在しています。その間国へ戻ったのは、ほんのわずかの期間にすぎません。昨年はひどい不運に見舞われました。それは何とか乗りきりましたが、九年という歳月はどう見ても忍耐の限度を超えています。

妻のエカテリーナに、よろしくお伝えください。女一人で、小生の帰りをいつまでも待たせておくのが気の毒でなりません。

敬愛する部長、この件については部長ご自身の責任で処置していただけませんか。

われわれが、いつまでもあなたの忠実かつ従順な部下であることに変わりありません。本部のみなさま方にも、どうぞよろしくお伝えください。ラムゼー。

だが部長はこれを、同じ趣旨を認《したた》めたゾルゲの他の通信文といっしょに綴《と》じこんでしまった。何一つ新たな措置は取られなかった。第四本部がゾルゲに不満を感じていたのも事実だろうが、それ以上に問題は、彼に代われるだけの人材が見あたらなかったことである。

ショルとヴェネカーという二人の貴重な情報源の召還が、大きな空白となったことはまちがいない。ゾルゲは、この二人ととりわけ親密な関係を築きあげ、二人は機密事項を無造作に提供してくれた。

とはいえこのドイツ大使館の人事異動の影響を、ゾルゲが自分の帰還要請の口実としてかなり誇張して述べている印象は否《いな》めない。

実をいえば、モスクワが誰を代わりに送りこんでも、ゾルゲがドイツ大使館で確立した地位を引き継ぐことは困難だった。彼はオットの後任となった上級武官、ゲルハルト・マツキー大佐の信頼も獲得した。またこの直後、ヴェネカーからの紹介状を持って新たに来日した海軍武官ヨアヒム・リーツマン大佐とも、きわめて緊密な間柄となった。

空軍武官補ネーミッツ中佐も、ゾルゲがオフィスを訪問すると喜んで迎えた。二人の親交は、昭和十四年初め、ハンス・ヴォルフガング・フォン・グローナウ中佐が到着して上級空軍武官に就任するまで続いた。

それればかりか、あらゆる資料によって、ゾルゲとオットとの関係がオットの大使就任で何一つ妨げられなかったことも明らかとなっている。オットはベルリンへ電文や報告書を送るにあたって、その草稿をゾルゲに見せて意見を求めていたし、ほかの館員もオットの例にならっていた。ゾルゲは述べている。

彼らはわたしのところへ来るといつもこう言った。「これこれのことがわかったのだが、もう知っているかね？ それで、きみはどう思う？」(66)

ゾルゲの日本からの引きあげ要請は、何よりもタイミングが悪かった。その年の五月、モンゴルと満州の辺鄙《へんぴ》な国境地帯で、大規模な戦争の危険をはらんだ戦闘が勃発《ぼっぱつ》した。日本の関東軍がモンゴル制覇に乗り出して、ソ連の死活に関わる利益を脅《おびや》かしたのだ。ソ連指導層はこのノモンハンの戦闘を、日本がかねてから目論《もくろ》んでいたシベリア攻撃の幕開けと見るべきかどうかを、しきりに知りたがった。東京諜報網に無線による緊急指令が発せられ、日本から、全面戦争を意図した増援隊が派遣されたのかどうかを、見きわめて報告するよう求めてきた。

ゾルゲは諜報網の総力をあげて、日本人が例によって言葉たくみに、〈ノモンハン事件〉と呼んだ戦闘について調査するよう指示した。

わたしは各メンバーそれぞれに、日本がモンゴルの国境線沿いにどれだけの増援隊を送りこむ計画を持っているかを把握して、この戦闘がどれほどの規模のものとなるかの、判断材料を収集するよう指示した。(67)

尾崎の分析によると、日本政府はこの衝突を局地戦にとどめ、ソ連と全面戦争に突入する危険を冒すつもりはないだろう、ということだった。

ヴーケリッチは、日本軍の案内で他の記者とともに戦闘地帯を視察して、非常に有益な情報をもたらした。だが、各師団の装備、編成及び戦車、砲兵隊、戦闘機等の戦闘区域への移動に関する重要情報を収集したのは、宮城与徳と新たにメンバーとなった小代好信《こだいよしのぶ》である。

小代伍長《ごちょう》は宮城の〈掘り出しもの〉であった。彼は、三年間の兵役期間に満州へ配属され、昭和十二年七月の〈支那《シナ》事変〉勃発後は北支に駐屯していた。この戦場体験を通して、軍の状況、兵士の士気、兵器等を直接目にし手にして、軍の編成及び配置状況を十分にわきまえていた。

宮城が小代と知り合ったのは、この年下の男が明治大学の学生のときである。二人は、そのころたまたま小代の隣に住んでいた宮城と同じ沖縄人、喜屋《きやん》武保昌《やすまさ》を介して知り合った。喜屋武の説く左翼思想にこの学生は強い衝撃を受けており、宮城は〈ノモンハン事件〉勃発直後に彼と初めて会うと、彼の共感しているポイントをすぐに見て取った。

二人の話し合いにおいて宮城は、誰にでも言ってきたように、ソ連と日本が戦えばいちばん苦しむのは両国の農民と労働者だ、という論理を展開した。自分がコミンテルンにさまざまな情報を送っているのは、そのような悲劇を防ぐためにほかならない、と。はたしてこの男は、平和を維持するため日本軍に関する情報を提供してくれるだろうか？

宮城の説得は効を奏した。小代は、自分は機密事項にはほとんど接しないが、それでもよければ、決して金目当てではなく、それ以上何も言われなくとも協力する、と答えた。最終的に、彼は情報提供料として月五十円を受け取ることとなった。安い給料で使われていた日本兵にしてみれば、これはかなり割りのよい収入である。

小代伍長は、ゾルゲの願いをかなえる恵みの雨だった。モスクワの上司たちは、軍事分野における諜報網の能力アップを図るよう、再三にわたって催促してきていた。昭和十四年二月には、「二人か三人の日本軍将校を仲間に引き入れることが肝要である。このことを最優先課題とせよ」という部長命令があった。

二カ月後の四月十三日にも、第四本部からもどかしげな調子の無線が入っている。まだ返事が来ないが、日本軍将校を引き入れる見こみはあるのかどうか？

それは不可能に近い、とゾルゲは思った。大日本帝国陸軍の上層部へ食いこむことは初めから問題外であり、下級将校でも網にかけるのは容易なことではない。日本陸軍は、ロシアを主要敵国と考えるように馴《な》らされ、シベリアと沿海州を侵攻して、折りあらばボルシェヴィキに二度と忘れられない見せしめを加えようと腕を鳴らしている、超国家主義者の要塞《ようさい》であった。「これは簡単にはいかないな」ゾルゲはクラウゼンに言った。彼は軽々しく弱音を吐く人間ではなかったが、このときばかりは途方に暮れた。(68)

諜報網には将校クラスの軍人は一人も引きこめなかった(69)。だが宮城はゾルゲに、自分の知人小代伍長の適性を推し量る機会を設けて、ゾルゲは小代と東京のレストランで数回顔を合わせた。こうしてモスクワ本部は、自分の夢見る社会正義と世界平和を追求するために自国を裏切る覚悟をしている、理想家肌の若者を傘下《さんか》に収めたのである。モスクワとの連絡における、小代の暗号名は〈ミキ〉とされた。やがて彼は、一介の下士官であったにもかかわらず、諜報網にとってかけがえのない人物となる。

昭和十四年六月の初め、小代は軍の秘密についてよくまとまった情報を提供した(70)。宮城も、日本軍の戦力と装備に関する情報収集のため精力的に奔走した。こうした資料に基づいて、ゾルゲは赤軍本部に自分の判断を添えて情報を送った。ゲオルギー・ジューコフ将軍がノモンハンで日本軍に猛反撃をした際、それが大いに役だったことはまちがいない。

ソ連は宿敵日本軍を迅速かつ徹底的に討伐して、戦争は九月十五日に終結した。面目を失した関東軍は、その崩落ぶりを日本国民の目から必死になって隠そうとした。何千という日本兵戦死者の遺骨は、敗北を大きく見せまいとして小さな骨つぼに収めて家族のもとへ届けられた。

この敗北は関東軍にとって苦い教訓となった。武士道精神だけでは、すぐれた銃器、機械装備、戦闘機を保有する相手に通用しないことが明白となった。日本軍指導層は何十年もの間、ロシアを日本の唯一《ゆいいつ》の仮想敵国と見なしてきた。しかし、ノモンハンにおける惨敗《ざんぱい》によって日本軍の自信は粉砕され、ソ連と大規模な一戦を交えようとする無謀な企《たくら》みは打ち挫《くじ》かれた。

軍の狂信者が自らの傷口をなめている間に、日本のソ連に対する威嚇《いかく》的態度は衰退した。ゾルゲは昭和十五年一月二十四日、この新たな好ましい状況を長い通信文にまとめた。

国民経済の破綻《はたん》、対中国戦の長期化、ノモンハンでの敗北、さらに独ソ不可侵条約の締結、これらすべてによって、日本の指導層内部あるいは日本国民の面前において、陸軍の地位は揺らいでいる。

陸軍の威信は、国内及び国外政策においてばかりか、軍事行動においても失墜した。今日では、実権は皇道派ならびに大実業家グループに移行しつつある。

一方政党や海軍も、権力奪回のチャンス到来とばかりに、きわめて活発な動きを見せている。（71）

ところが、これに対する第四本部からの応答はきわめて冷淡なもので、ゾルゲはそれに打ちのめされた。上司たちは、自分たちの要求をゾルゲが十分理解していないと、口やかましく非難してきたのだ。ゾルゲは取調べ官の前では、ソ連の指導者に自分の功績が認められ、その活動ぶりが賞賛されたと、得意げに語っている。しかし今日手に入る証拠は、その逆の事実を示している。彼とモスクワとの関係は、昭和十年九月に彼が東京へ戻ってから極端に悪化して、この摩擦は最後の最後まで解消しなかった。欧州大戦の火ぶたが切られた一九三九年（昭和十四年）九月一日の電文には、ゾルゲのなすべき任務が記されている。部長は明らかに機嫌を損ねていた。

あえて言うが、現下の日本の軍事政治情勢に関するこの夏の貴君の報告は、きわめて劣悪であった。グリーン（日本）はレッド（ロシア）に戦争を仕かけようと、昨今重大な動きを開始したが、われわれの手元にはそれに関する有力な情報は一つも届いていない。それは貴君が、アンナ（オット）を介して十分に感知していなければならないはずのものである。

これに関する情報を少しでも多く入手して報告することを、最優先課題とされたい。貴君は経験豊富な諜報員《ちょうほういん》であり、アンナとは特別有利な関係を結んでいる。わたしが貴君に要求し期待するのは、軍事経済関係の一級情報である。しかし貴君はこれを回避しており、送信してくるのは二義的な情報でしかない。

これはさらに続いて、ジョー（宮城）やミキ（小代）やオットー（尾崎）をもっと有効に活用すべしという指示があり、彼らが諜報網のために情報を入手したら、その都度支払いをするよう示唆《しさ》している。

わたしの忠告と貴君の任務の重要性を勘案し、貴君の母国が貴君に絶大なる信頼を置いている事実を想起されたい。貴君の活動がいっそう向上することを期待する。これを読み次第、貴君の返答を寄せるように。(72)

この叱責《しっせき》を受けたゾルゲが、極度の失望を感じたのはまちがいない。しかもこの種の非難は一度だけではなかった。これではやる気も失《う》せて、不満がつのる一方だったとしても無理はない。彼は、右も左も敵意しかない国で、ソ連をその敵から守ることに精魂こめて尽くし、孤独で危険な状態に耐えていた。その見返りが、モスクワで高みの見物を決めこんだ上司たちからの、絶えざる小言でしかなかったのだ。この不当な扱いに、彼は幻滅を感じなかっただろうか？　それに対する反応は、昭和十年の夏に一度、そして昭和十六年の秋にも示されている。

クラウゼンは、ゾルゲは取調べ官の前で言っていたほど、モスクワの上司から高く評価されてはいなかった、と供述している。昭和十三年に暗号を学ぶまでクラウゼンは通信文が読めなかったが、それ以後は本部がたびたびゾルゲを批判していることに気づいた。彼はその当時は、ゾルゲの報告をすべて忠実に送信していた、と懸命になって力説している。したがって自分には、東京諜報網の不首尾には何の責任もないというわけだ。彼は、昭和十四年九月一日にモスクワからきた通信文も、多くの批判の一つだったと述べているが、その口調にはゾルゲの不運を小気味《シャーデンフロイデ》よく思っている感じさえ窺《うかが》われる。

そのときから、ゾルゲは定期的に叱責と訓戒の電文を受け取るようになりました。(73)

第四本部は、ノモンハンにおける関東軍の敗北で、日本の脅威は後退するというゾルゲの判断を、素直には信じなかった。彼らは、日本の軍国主義者がソ連極東に新たな攻撃を加えるのは時間の問題ではないかという猜疑心《さいぎしん》を捨てきれず、ゾルゲにも警戒を緩めぬよう厳重に言い渡してきた。そればかりか、東京諜報網は、日本の軍事力、部隊配置に関する日常の諜報活動にいっそう精をだし、軍需産業に関する資料を入手するよう促された。

この指示は、昭和十五年二月十九日に本部から届いた無線連絡に含まれている。

日本陸海軍の兵器保有量及び民間軍需産業の、銃器、戦車、戦闘機、自動車、機関銃等に関する生産能力の正確な情報を、全力をあげて収集せよ。

続いて五月二日にも、似たような内容の指示が、モスクワから発信されている。

戦闘機と重砲の工場施設に関する資料、及び一九三九年（昭和十四年）におけるそれら兵器の正確な生産台数を伝達せよ。生産増進のために講じられている、手段・方法についても報告すべし。

日本人がノモンハンの敗北で得た教訓の一つは、早急に軍需産業の強化育成を図ることだった。ゾルゲも、産業を軍の要求に応ずるように転換することが、日本の国家的優先課題となったことを知らなかったわけではない。しかし、戦車や戦闘機がどれだけ製造されているかを把握するのは至難のわざだった。当時の日本では、自転車の生産台数ですら国家機密となっていたのだ。例によってモスクワの上司たちは、日本で活動する諜報員の前に立ちふさがる数々の障害を見落としていた。

ゾルゲはこの任務にどうして取り組むか思いめぐらした。初めは宮城に、探索を指示した。何ごとにも積極的に取り組むこの沖縄人は、日立製作所と日本ディーゼルの工場における、戦車製造の詳細な情報を得ようとして大変な時間と手間をかけた。

宮城は自分が親交を深めてきた、ドイツ人商人やエンジニアに頼るつもりだった。かつて彼らは、日本の鉄鋼や化学製品、航空分野について、有益な情報をもたらしてくれた。だがこの数年は、機密防衛に対する日本人の狂気じみた心理に影響されて、営業秘密について洩《も》らすのをしぶるようになっていた。

ゾルゲは、自分の求めている回答がいちばん多く集まっている場所を知っていた。ドイツ大使館である。そこには、産業面での日本の戦争遂行能力に関する膨大な資料が収納されていた。しかしこれらの極秘事項に接するには、それなりの口実がなくてはならない。

ゾルゲが、どうやってそれに接触するかを考えているとき、問題はドイツ官僚によって解決された。昭和十五年の夏のある日、陸軍武官ゲルハルト・マツキー大佐が、ゾルゲを大使官邸の裏手にある小さなビルの一画の、自分のオフィスへ招いた。マツキーは熱烈なヒトラー崇拝者だったが、ゾルゲとの間はうまくいっていた。大佐はゾルゲの実力に一目も二目も置いており、彼がベルリンの陸軍高官たちに受けがよいことも心得ていた。前の年ゾルゲは、『日中戦争下の日本経済の研究』なる報告論文を、ドイツ陸軍経済局長ゲオルク・トーマス将軍に提出していた。これにいたく感心したトーマスは、引き続き戦時下の日本の産業について報告するよう求めてきた、というのだ。

ゾルゲはベルリンからの要請を伝えるマツキーの言葉に、熱心に耳を傾けた。これは細心の注意を要する問題だ。大使館としては、このことを日本人に知られたくない。この仕事は、きみがしっかりした、十分に信頼のおける人間であればこそ委任されたのだ、とマツキーは強調した。

トーマス将軍は、日本の産業が戦時の要求に応ずるために転換しつつある状況を詳しく知りたがっておいでだ。そして、戦闘機、自動車、戦車、アルミニウム、人工石油、鉄鋼分野の十分な調査を期待しておられる。現在の生産状況や標準生産量といったもろもろの問題についてだ。

ドイツは、一九三九年九月にイギリスへの攻撃を開始したときから、日本政府の参戦に期待をかけていた。ドイツと日本という〈持たざる国〉どうしが、帝国主義国家の旗頭イギリスに、一致して対抗しようというのだ。ドイツ軍参謀は、このために、中国よりはるかに手強《てごわ》い敵に対する日本の予備能力の把握に熱心だった。長期戦に耐え得る日本の戦力、ドイツの同盟国としての利用価値は、軍隊で必要とする物資を供給する日本産業の潜在能力にかかっていた。

ゾルゲはこれに協力できることで大喜びした。ベルリンの要求はモスクワのための秘密活動とぴったり合致する。ドイツ人に奉仕することにより、ソ連の上司に十分な貢献をすることができる。

マツキーは、一年前ゾルゲがベルリンのために経済報告をまとめたときと同じように、大使館の機密文書で必要なものは、何でも利用してよいという許可を与えた。都合がよいことには、すでにいくつかの予備調査が行われていた。空軍武官補ネーミッツ中佐は、三菱重工業、川崎航空機工業、中島飛行機製作所、愛知時計電機などの飛行機及び精密機械工場を、目立たないように何度か訪問しており、ゾルゲの仕事に喜んで協力した。

ゾルゲの供述からすると、ネーミッツやマツキーから提供された資料は、あまり役に立たなかったらしい。しかし彼は、急速に拡大しつつある日本の戦闘機生産状況について、何とか自分なりのイメージを形成した。やがて彼の目は日産自動車とトヨタ自動車工業に向いた。そこでは、自動車だけでなく軍用トラックや兵員輸送車も製造していたためだが、調査したかぎりではまだ未熟なものであった。新潟鐵工所《てつこうしょ》などの戦車工場も調査したが、その生産状況もひどくお粗末だったと述べている。

アルミニウムと人工石油の資料については、大使館の向かいにある経済課のドクター・アロイス・ティヒーのところへ出向けばよかった。そこのファイルに、石炭から人工石油を製造するために、ドイツが提供した特許の詳しい記述があった。日本の陸海軍は、石油に代わる燃料を見出《みいだ》し、アメリカの油田への依存度を低くすることに躍起となっており、そのためにドイツの技術に基づく実験を行っていたのだ。

ドクター・ティヒーは、めったに手に入らない日本の鉄鋼生産の統計も見せてくれた。ゾルゲはそれをメモに取ったが、驚いたことに、これより一年半後に行われた尋問の際、彼はその数値を覚えていた。鉄の生産量は年間六百万トンであり、在庫量は

一年半から二年分あった。一方鋼《はがね》は、ドイツの近代技術を用いて生産量を伸ばし、年間二、三百万トンに達していた。(74)

マツキー大佐は、自動車、戦闘機、戦車に関する型式と台数をノートに収めており、ゾルゲもこの調査結果を必要とするだろうと考えた。

「これを書き取ったらどうかね?」マツキーは言った。ゾルゲは灰色の表紙のノートを取り出し、マツキーがおしえたがっているデータを書きとめた。ゾルゲは取調べ官に対して述べている。

もちろんこれらの統計はすべて機密扱いのものだった。(75)

彼は細心の注意を払い、決してあわてずに、モスクワが関心を持つと思う情報を収集した。供述によると、

マツキーを通してトーマスに依頼された二種類の報告書で使用した資料は、いずれもきわめて重要なものだった。それでわたしは、大使館で利用した文書のすべてをこっそり撮影して、順次モスクワへ送付した。(76)

ゾルゲは必要な書類のすべてを収集して、旧《ふる》い公使館ビル三階の、報道課の一画にある自分のオフィスへ持参した。そこで、上着の大きなポケットにすっぽり隠れるくらいの小型自動式カメラ、〈ロボット〉で撮影した。だが、ひどく用心しなければならなかった。報道課長フォン・ミルバッハ伯爵《はくしゃく》や情報宣伝担当のリヒアルト・ブロイアー、文化担当アタッシェ、ラインホルト・シュルツの部屋がすぐそばにある。隣はテレタイプ室で、ベルリンからのニュースが絶え間なく入ってくる。廊下にもひっきりなしに人が行き来している。誰がいつオフィスへ入ってきて、写真を撮っているところを見られないともかぎらなかった。

ゾルゲによれば、昭和十五年に入って大使館員が少しずつ増えてくるようになると、写真撮影は「きわめて危険な行為となった」。プライバシーはほとんどないに等しかった。幸いいくつかの文書を館外に持ち出すことができたため、自分の家でロボットカメラやそれより大きなライカカメラで撮影した。

クラウゼンはゾルゲの家を訪問したとき、彼がドイツ大使館から持ち出した、戦闘機や戦車等に関する文書の撮影に没頭していたことを覚えていた。それは昭和十六年初頭のことと思われるが、ゾルゲがこうした仕事にきわめて慎重に取り組んでいたのは明らかだった。

彼は内容を英語で要約して通信用の草稿を作り、わたくしに手渡しました。わたくしはそれを、昭和十六年の春に電送いたしました。(77)

だが文書の量が多すぎたため、大半は密使による運搬となった。クラウゼンは昭和十六年初め、ソ連大使館の〈セルゲ〉にマイクロフィルムを渡したと供述している。自宅におけるゾルゲの用心ぶりは、かなりずさんだった。普通ならジャーナリストなどが知ることのできない、マツキーからの重要情報を記した灰色のノートが、十月に警察の家宅捜索があったときに書斎から発見されている。(78)

昭和十四年の初めから、ゾルゲの関心は日本とドイツとの間で、両国の同盟締結を目指して進められていた折衝の成り行きに集中した。ヒトラーは、英仏両国との交戦を企てており、極東の英国領を叩《たた》く軍事同盟国として日本の加盟を期待していた。ところが対中国戦で身動きが取れない日本はなかなか腰をあげず、折衝はほとんど進展しなかった。

東京の優柔不断な態度に業《ごう》を煮やしたドイツは、昭和十四年八月、ソ連との間に不戦協定を結んだ。いわゆる独ソ不可侵条約である。ノモンハンでロシア人と激烈な戦闘の最中だった日本人は、ヒトラーのこの仕打ちに呆然《ぼうぜん》となった。この条約締結は、昭和十一年にベルリンで調印された日独防共協定を反古《ほご》にする背信行為にほかならない。

ドイツと日本の関係は冷却して、東京の町なかや店のウィンドーから鈎十字《かぎじゅうじ》旗が姿を消した。しかし昭和十五年の夏に、ヨーロッパにおけるナチスの勝利が決定的となると、日本の政治及び軍事首脳部は期待に胸をふくらませた。彼らはタナボタ式に領土拡張が図れる千載《せんざい》一遇のチャンスを見出したのだ。ドイツによるフランス、オランダの征服で、宗主国を失ったインドシナ及びマレー半島は、〈みなし児《ご》〉状態で取り残された。そこから得られる鉱物と石油資源をいつも横目で眺めていた日本は、その地域に強く食指を動かした。イギリスも、ドイツの侵略への対応に大わらわで他を顧みる余裕はない。極東におけるイギリスの植民地、とりわけ香港とシンガポールはまったくの無防備状態となった。

いまとなっては、戦勝国ドイツとの同盟はきわめて時宜を得たことと思われた。昭和十五年七月に成立した第二次近衛内閣には、親独派の松岡洋右《ようすけ》外相、東条英機《ひでき》陸相が入っており、この内閣の最優先課題は、ローマ・ベルリン枢軸《すうじく》との結束を促進することであった。ドイツと西欧民主主義諸国との友好関係の時代は終っていた。(79)

九月初旬、リッベントロープ外相によって、ベルリンにおける予備交渉をさらに突っこんで討議するために、特使ハインリッヒ・シュターマーが日本に派遣されてきた。この会談は秘密保持のため、松岡外相の私邸で三週間にわたって続けられた。

ゾルゲは、この会談の間じゅうシュターマーと接触していた。大使館における有利な立場を利用して、彼は、日独同盟の折衝の進展状況を、逐一知ることができた。昭和十三年春に初来日したシュターマーは、ゾルゲの政治問題に対する造詣《ぞうけい》の深さに感心して、オット大使に、あなたの助言者は「最高の知性を備えたすばらしい人物だ」と賞賛した。

シュターマー・松岡会談の進展に伴い、ゾルゲはベルリンのリッベントロープ外相へ毎日送信される特使の電文に目を通した。その結果モスクワでは、三国同盟公表のはるか以前から、会談の主な進展状況を把握することができた。ゾルゲが早期に送信した中で、もっとも重要なのは次のことである。

ソ連は最初から、この同盟から除外されている。これは主にイギリスを標的としているが、アメリカが対独戦に参加した場合には、アメリカにも適用される。(80)

だが、会談は途中で暗礁《あんしょう》に乗りあげた。日本側とりわけ近衛首相にとって、ドイツとアメリカが交戦した場合、日本も参戦の義務を負うという点が憂慮の種だった。

同盟の発動について、ドイツ側は厳密に規定したがり、日本側はあいまいにしておきたがった。やがて両国は、同盟は加盟国が攻撃をしかけられた場合に発動する、という点で合意した。ただし、同盟がどの国からの攻撃に対して有効であるかを決定するのは、加盟各国の判断にまかせる、とされたのである。(81)

この抜け穴は後に重大な意味を持つこととなるが、ともあれこのおかげで折衝は急速に結論へ向かった。昭和十五年九月二十七日、通称日独伊三国同盟が公表されて、世界中をあっと言わせた。東京は、ローマ・ベルリン枢軸に加入したのだ。

日本の指導層が述べたとおり、新しい同盟の目的は不公平な世界を再編成し、〈持たざる国〉がアメリカ、イギリスという〈持てる国〉に独占されている富を等分しようとする点にあった。松岡洋右外相は、三国同盟を是認した御前会議において、加盟国の共通認識として「ドイツはアメリカの参戦を牽制《けんせい》しようとしており、日本はアメリカとの交戦を回避したいと思っている」と述べた。

同盟国は、世界の「新秩序」建設のために共同歩調をとることで一致したが、「新秩序」とは、アングロサクソン人が優位を占めている世界を、軍事力を含むすべての面で枢軸国の支配に置き換えようとすることを、言葉たくみに表現したものにすぎない。「新秩序」建設のために、ドイツとイタリアは〈大東亜〉における日本の権限を容認し、日本は独伊をヨーロッパの指導者と認めた。

三国同盟は、序文に奇妙な一節を明記したひと癖ある内容のものだった。すなわち「世界各国の国民は、おのおのその分に応じた地位を占めるべきである」というのがそれだ。松岡外相は、大東亜を西はビルマから南はニュー・カレドニア島までの範囲と定義したが、そこにおける日本の「分に応じた地位」とは、弟妹つまりアジアの未開民族を導いてやる長兄の役割だと述べている。

この同盟の主眼は、日本人の東亜支配という野望実現をバックアップする点にあった。いまや日本人は、アメリカから攻撃を受けてもドイツとイタリアが対抗措置をとると信じて、アジアにおけるアングロサクソン人の占有状況の粉砕に乗り出そうとしていた。

三国同盟はアメリカをあわてさせた。彼らは、日本がいずれ戦勝国ナチスに与《くみ》するものと覚悟していたものの、同盟成立がこれほど迅速に行われるとは予想していなかったのだ。

折衝の秘密はほぼ完全に守り通された。日本の新聞社は、シュターマーの任務を憶測することはもとより、来日していることすら発表無用、と厳重に申し付けられていた。

「われわれは、いずれも五十歩百歩の状態で、かやの外に置かれていた」後日、アメリカ大使はこう記している。(82)

この一、二週間の間は、外国人通信員も、日本が独伊に荷担しようとしているという噂《うわさ》の真偽を確認しようとして、空《むな》しくその周辺で手探りしていた。

アメリカ人記者の中にも、その日の午後五時まで、調印が行われるのは東京なのかベルリンなのか知らない者が少なくなかった。わたしの同僚は調印の当日まで、同盟は単なる噂にすぎまい、と本気にしていなかった。

外国人記者団が、外務省から午後十時に緊急記者会見を開くと告げられたのは、夕方のことだ。彼らは、それが噂となっている日本とドイツの同盟に関係しているだろうとは考えたが、誰一人はっきりしたことはわからなかった。

ウィルフレッド・フライシャーは、この後まもなく廃刊となる『ジャパン・アドバタイザー』紙の編集者であったが、このときの外務省構内の大混乱をよく覚えていた。車やオートバイがところ狭しと置かれ、日本人記者団がせわしなく行き来し、カメラのフラッシュライトがひっきりなしにまたたいていた、という。

外務省報道官は、英米人記者団をそこに残して、枢軸国の記者団をさっさと別室へ案内した。もっとも英米人の記者で、昭和十五年の秋に日本に残っていた者は数えるほどしかおらず、その晩フライシャーが目にしたのはたったの六人にすぎなかった。

英米人の大半は日本を立ち去っていた。ただ一人、仲間うちで人気のあった記者が不可解な死を遂げていた。ジミー・コックスというロイター通信の通信員で、彼は六月二十九日、スパイ容疑で尋問されている際、憲兵の取調べ室の窓から〈身投げ〉したと言われている。

多くのドイツ人特派員が、イタリア人特派員とともに日本人高官の事務室でビールのグラスを合わせ、声を張りあげて同盟成立を祝した。ここに、かたく守られてきた秘密のヴェールは剝《は》がされた。

すでにラジオは、お人好《ひとよ》しの日本国民に向かって、かん高い声で報道していた。日本国民は、自らがのっぴきならない立場に身を置くことになるこの重大決定について、何一つ知らされていなかった。（83）

午後十時半、両陣営の記者全員が会見室へ通された。ドイツ人記者の顔はビールで赤くなっている。この中にゾルゲがいた。彼は、東京で事態の進行を知っていた数少ない人間の一人だったが、もちろん折衝のことを記事にすることはできなかった。しかしモスクワには刻々の動きを報告していた。その晩の彼は、この重大ニュースについて何も知らない記者と同じように振る舞わなければならなかった。

アメリカ人記者レルマン・モーリンの記録によると、その晩は「興奮と熱気でむんむんしていた」。扇風機がまわる外務省の会見室で声明が発表された。「報道官は何の前置きもなしに、日本がドイツ及びイタリアとの相互条約に調印したと告げた」（84）

数寄屋橋《すきやばし》にある『朝日新聞東京本社』社屋には、最新型の電光板が取り付けられて、〈世紀の感激〉のニュースが映し出されていた。通行人は足をとめてそれを見あげた。そこから通りを二、三本離れたところにあるラインゴールドでは、同盟を心から歓迎するドイツ人がヒトラーと天皇にビールで乾杯し、日本人客の肩に汗ばんだ手をかけて親愛の情を表した。

翌日の新聞には、何でも人に先んずるあるビヤホールの後援者が、ラジオ放送があった直後に、三国の国旗と祝賀の旗を掲揚した記事が載った。

「同盟が首尾よく運んだことを喜ぶ気分は、まぎれもなく、あらゆる方面に満ち満ちていた」これは、あるドイツ海軍武官の戦中日誌の一節である。(85)

ベルリンにおける正式調印を祝して、外相官邸で華やかなレセプションが催された。日本の内閣閣僚、軍首脳部、独伊両国の外交官が、同盟とヒトラー総統と天皇裕仁に次々と乾杯した。しかし一人だけあえて欠席した者がいた。近衛首相である。彼はまだ、この同盟にアメリカが黙ってはいないだろうと悩んでいた。その晩彼は祝賀会にも出られないほど具合が悪く、ふさいだ気分で寝床に横たわっていた。

翌日の土曜日、オット大使の主催で、日本とドイツの記者を招いたレセプションが大使館で開かれた。朝からすばらしい快晴で、シュターマーはいかにも満足げに、数名の記者を引き連れて館庭をゆっくり歩きまわった。彼はくすくす笑いながら、〈自分が〉進めた条約について、事前に何一つ漏れなかったことを話題にしていた。

ゾルゲもこの祝典に参加したが、彼は彼で自分を祝福する理由を持っていた。そのとき同席したドイツ人外交官は、後年記している。「ドクター・ゾルゲは、もちろん声には出さなかったが、明らかに腹の底でほくそ笑んでいた」(86)

その日の『朝日新聞』は、一面の大半をこの歴史的事件にあてた。「日独伊三国同盟締結さる」ベルリンにおける正式調印が見出しのトップに掲げられていた。

その下の小見出しには、「ソヴィエトとの関係微妙に」とあった。数章にわたるこの記事によって、読者はドイツとソ連が一年前に不可侵条約を締結したことを思い出した。三国同盟は、東京とモスクワとの関係にも積極的な役割を果たすはずだ、と新聞は報じていた。

ゾルゲにとって、日本にはよいものがたくさんあった。とりわけ古寺や仏教美術、米食文化は関心の的だった。しとやかで上品な女性も満足の種だった。いなかへ旅するのは、仕事のためというより多分に個人的興味に基づいていた。彼の言葉によれば、日本国内を旅行したのは、諜報《ちょうほう》活動のためではなく、地方の空気に触れてそこの人々と知り合いになりたいためであった。(87)

昭和十四年には、フリードリッヒ・シーブルクとともに、奈良、京都、宇治山田の伊勢神宮をめぐる長旅をした。オット大使とは、箱根、伊豆半島東岸にある小さな漁港だった伊東のはずれの川奈《かわな》ホテル、オット一家の夏の別荘がある三浦半島の秋谷や軽井沢へ出かけた。また暇さえあれば、東京郊外の田園地帯を一人で歩きまわった。

わたしは日曜になると、東京から熱海西部に至るあらゆるところへ、ハイキングに出かけた。

彼は日本の旅館の雰囲気が好きだった。ひんやりした畳の香り。野天風呂《ぶろ》にゆっくりつかった後に着る心地よい浴衣《ゆかた》。そして、忍び笑いをしながら、いたれりつくせりのサービスをしてくれる女給仕。

しかしこの島国に住む外国人は、気の毒にいつも孤独感に付きまとわれており、ゾルゲもそれを免れなかった。外国人はまるで蛾《が》のようなもので、明るい灯火のある部屋に近寄って必死に愛されようとしながら、結局は嫌われものとしてつまみ出されてしまう。特にゾルゲは、花子とやり取りする赤ん坊言葉でしか人々と話すことができず、余計に自分だけ取り残されたような思いを味わっていた。他方、狭いドイツ人社会には、彼が請《こ》い求めている知性と文化を吸収できる余地はなく、それに適した友人もいなかった。「本当の、友だちがほしい」彼はいつもそう言って嘆いていた（88）。日本滞在の七年間、ゾルゲは自分を、学生時代に作った詩の一節のように、「真の平安から見放された永遠の旅人」と見ていた。

昭和十五年の秋には、日本を離れたいという欲求はいよいよ抑えがたいものとなった。部長宛《あ》ての手紙で執拗《しつよう》に義務からの解放を願い、諜報活動によるストレスが我慢の限界にきていることを訴えている。マックス・クラウゼンは心臓病を患《わずら》ったが、ゾルゲから見ればそれも無理からぬことだった。四十五歳の誕生日の直後に、彼は書いている。

これ以上日本にい続ければ、どんなに頑健な体でも蝕《むしば》まれてしまいます。小生はすでに述べたとおり、欧州大戦が継続している間はここにとどまるつもりです。しかしドイツ人たちの噂では、大戦はすぐにも片がつくとのことです。その後、小生の身はどういうことになるのかお訊《き》きしたい。大戦終了の際は、帰還できると信じてよいのですか？

小生は先日四十五歳の誕生日を迎え、この任務に十一年携わっています。もういいかげんに落ちついて遊牧民生活に終止符を打ち、これまでに蓄えた経験と知識を有効に活用してもよい時期だと思います。小生は当地で休みなく働き、ほかの〈尊敬される外国人〉と異なり、ここ三、四年休暇すら取っていないことを、忘れないでください。こんな生活ぶりは、かえって疑惑をまねきかねません。

メンバーはいずれもどこか健康を害しています。うそではありません。常にあなたの真実の同志より。

この手紙には、苦悩が充満している。ゾルゲは上司たちが、自分とは本質的に無縁で、どうしても心からなじめないこの国に、年をとるまで縛りつけておく気ではないかと憂慮しているのだ。この訴えには、なりふりかまわぬ響きすら感じられるが、彼の運命を握っている冷酷な権力者の心にはそれも届かなかった。部長からの回答内容はわからないが、彼がゾルゲの希望に耳を藉《か》さなかったことは事実である。

クラウゼンは偽装の事業が繁盛《はんじょう》するにつれて、日本へ来た本来の使命をなおざりにするようになった。彼は昭和十年十一月、〈確固たる共産主義的信念〉を持ってソ連諜報網で活躍し、日本資本主義制度を崩壊させたいと願って来日したのだった。

わたくしは常に、日本国民は苛酷《かこく》な政府のもとで苦悶《くもん》していると考えておりました。それゆえ来日後は、この政治制度を打倒して国民の幸福を実現するために働いてきました。……わたくしは、生涯で最大のミスを犯しました。(89)

昭和十五年には、設計図印刷機を製作していた彼の会社は、莫大《ばくだい》な利益を継続的に生むようになっていた。コミュニズムに対する彼の献身的態度は揺らぎ始め、無線通信に対する熱意も衰え出した。加えて彼とゾルゲとの間には、外から見える以上に溝が深まっていた。

ゾルゲには誰一人頼りにする者がなく、わたくしをいつも召使のように扱いまし

た。(90)

クラウゼンは、自分とガンサー・スタインに対するゾルゲの態度の差を、考えないわけにはいかなかった。スタインはなるほど諜報網のためによく働く有能な人間だが、スタインにはうやうやしいまでの態度で接しているゾルゲが、自分を虫けら扱いするのは、スタインが知的なジャーナリストであるのに対して、自分は教育一つない身であるためだと気づいていた。供述を通して、ゾルゲに小ばかにされたことでクラウゼンがどれだけ傷ついたかを、窺《うかが》い知ることができる。(91)

拘置所で彼が口にした元上司評は非難一色である。ゾルゲは「ひどく心の狭い人間」で、仲間に苛酷な仕事を押しつけ、自分はいつも安全地帯で高みの見物をしていた等々。

おそらくクラウゼンは、ゾルゲの性格を故意にゆがめることで取調べ官に取り入ろうとしていたのだ。しかし、少なくとも彼の批判の一つは的を射ていた。ゾルゲは一人でいることのできない人間で、病気のときにはいつもクラウゼンが付き添っていなければならなかった、という点である。

わたくしが病気にかかって医者から仕事を禁じられたときでも、ゾルゲは元気なときと同じようにわたくしに仕事を命じました。彼には、他人を思いやる心がない、と言わなければなりません。（92）

こうした不平不満が、クラウゼンの背信を育《はぐく》んでいく。ゾルゲが人間関係にもう少し気を使っていたら、この無線技師は、仮にソ連の諜報活動にいやけがさしても、ゾルゲへの忠誠心は保ったであろう。だが、昭和十五年の終りに重い心臓病に冒されるまでの間に、クラウゼンは何度となく苦々しく腹立たしい思いを味わわされていた。こうして彼は、東京諜報網が最大の危機に陥った際に、それに打撃を与えてやりたい気分になったのである。

ゾルゲは昭和十五年から十六年にかかる冬に起きたできごとで、クラウゼンが共産主義《コミュニズム》よりも金儲け《コマース》に力を注いでいることに気づくべきであった。

その年の秋、モスクワから次のような連絡が届いた。

戦争のために、外貨獲得がきわめて困難となり、送金も容易でなくなった。したがって今日から、送金は月二千円に制限する。不足した場合には、クラウゼンのあげている利益を、活動資金にまわされたい。(93)

第四本部はクラウゼンの事業への投資を、回収する時期がきたと考えた。〈M・クラウゼン商会〉は、諜報網の日常経費を十分まかなえるだけの金をかせいでいた。昭和十四年には、純利益一万四千円を計上している。

ゾルゲの諜報網の月平均支出はおよそ三千円(七百ドル)だった。クラウゼンはそこから給与として七百円を得ており、百五十円を家賃にあてていた。ゾルゲの取り分は月によってまちまちで、自分と日本人メンバーのために二千円取ることもあった。クラウゼンは諜報網の会計係をしていたが、ゾルゲが実際にモスクワからいくら受け取っているのかは知らなかった。

金の使用明細書は、初めは半年に一度、後になると一年に一度本部へ送られたが、上司たちはこの内容にいつも目を光らせていた。ゾルゲが花子に家を借りて月百五十円も使用していることや、それ以上の額を酒に注ぎこんでいることを知って、彼らが激怒したのはまちがいない。通常の日本人に比べれば、ゾルゲやクラウゼンの生活は贅沢《ぜいたく》なものと言ってよかった。ちなみに、当時の日本の高校教師の月給は八十円である。

だがクラウゼンは、モスクワの指示に素直に従おうとはしなかった。彼は苦労して会社を興《おこ》し、三菱重工業、三井物産、日立製作所、中島飛行機製作所、さらには海軍省といった大口需要を開拓した。やがて日本国内での需要はほぼ飽和状態となり、そのころは満州の奉天（瀋陽《しんよう》）に支店を開いて、現地の日本軍や商業施設にまで手を広げようとしていた。

わたくしは、最初はこの仕事をカモフラージュとして始めましたが、スパイにいやけがさしてコミュニズムに疑問を抱き始めると事業に本腰を入れるようになり、あり金すべてをはたいてそれに投資し、一生懸命働き始めたのです。

彼は第四本部への報告書において、要求どおりに会社が諜報網に資金提供できない言いわけをくだくだと述べている。事業は決して順調にはいっていない。昭和十五年には、わずか四千三百円の利益しか出せず、それはすべて新しい設備投資にまわった。会社は負債を負っている等々。

会社の資金を持ち出すのは不可能です。この事業には莫大な経費がかかりますし、その割りに利益はあがりません。それに日本の警察によって、利益は売りあげの十パーセントと言い渡されておりますし、販売価格も規制されているのです。

さらにクラウゼンは、自分が裕福な外国人商人だという偽装をするためにも、金がかかることを訴えている。

小生はいろいろな事業に手を出しておりますので、体面上いま住んでいるところより貧弱な家に住むことはできません。五年前に日本に来たときは、現在の月々の手当てで人並の生活ができました。しかし状況は一変して、物価は当時の三倍となり、小生も身なりにもっと注意を払わなければならなくなりました。そのために、いっそうの費用が必要となっております。

そのうえ小生は、ドイツ人社会のメンバーでもありますので、余分な支出もしなければなりません。たとえばこの冬には、くだらない助け合い運動に不本意ですが五百円も寄付しなければならないのです。

東京諜報網への財政援助を断ったこの報告書を、ゾルゲがどう見るかを心配したクラウゼンは、翌年二月になってやっと彼にそれを見せた。だがゾルゲは案外簡単に彼の言いわけを聞き、そのままマイクロフィルムに収めてモスクワへ送らせた。

逮捕後クラウゼンは、このときロシア人にうそを言い、会社は諜報網を援助するに十分な利益をあげていたことを認めている。だが、ロシア人と手を切りたいために要求を蹴《け》った、と取調べ官に述べているのである。(94)

ヒトラーは、ソヴィエト体制を転覆させて、英国からウラル山脈に至るヨーロッパを支配することを常に夢見ていた。一九三九年にスターリンと結んだ独ソ不可侵条約は、単に西ヨーロッパを征服中に、背後を衝《つ》かれる恐れをなくすための一時的方便にすぎなかった。ボルシェヴィズムに対する理屈抜きの憎悪《ぞうお》は煮えたぎり、それを打倒する好機を彼は窺い続けていた。一九四〇年の夏、ソヴィエト軍はバルト諸国を占領して、ドイツが石油を依存しているルーマニアの油田付近のブコヴィナに肉薄した。ヒトラーはこれに激怒し、ソヴィエト軍の力が増大しないうちにそれを叩《たた》く決心をした。こうして十二月十八日、ソ連侵攻計画バルバロッサ作戦に承認を与える。この指令の存在については、ドイツ軍最高司令官だけにしか知らされていなかった。

十二月下旬、ゾルゲはベルリンから東京へ来た〈軍人のすべて〉から、驚くべき情報を聞いた。この将校たちは、外交上の重要文書運搬人を護衛してきたドイツ軍人である。

ゾルゲの耳にしたのは、こういうことだ。ヒトラーは、イギリスの市街地と軍事施設に一連の爆撃を加えた後は、同国の征服をいったん諦《あきら》めた。やがて彼の目は東へ向いた。フランス市街地及び沿岸地帯の駐屯部隊を始めとした強力な一団が、ドイツとルーマニアの国境地帯へ移動していた。およそ八十個師団が、ソ連に対して大々的な威嚇《いかく》を行うために、この地に要塞《ようさい》を完成させたというのだ。

ゾルゲはこの情報の信憑性《しんぴょうせい》を、マツキー大佐の後任の上級陸軍武官アルフレート・クレッチマー中佐に確認した。来日早々のクレッチマーは、昭和十五年十二月時点ではゾルゲのことをほとんど知らなかった。しかし、マツキーがベルリンへ発《た》つ前の晩、ゾルゲを後任の彼に紹介して、この『フランクフルター・ツァイトゥング』紙の通信員はドイツ軍参謀本部の信望も厚く、全面的に信頼できる人間であると請け合った。やがてこの二人は、強いきずなを見出《みいだ》す。ゾルゲと同様クレッチマーも、第一次大戦で重傷を負っていた。戦場で鼻を吹き飛ばされ、整形手術によってかろうじて一部を修復している状態だった。

二人の男は、こうして上首尾のスタートを切った。そしてまもなく、クレッチマーは大使館におけるゾルゲのもっとも強力な崇拝者の一人となる。十一月下旬のある日、ゾルゲが自分の耳にしたことを質《ただ》すと、クレッチマーは、おおよそはそのとおりだが八十個師団というのは大袈裟《おおげさ》だと思う、と言った。さらに彼は、自分はドイツ軍の増強はルーマニアの国境地帯へ集結したソ連軍を迎えうつものである旨《むね》を、日本軍高官に伝えるよう指示されていると打ち明けた。

クレッチマーはヒトラーとその司令官たちの思惑を知っていた。彼は十一月に東京へ向かってベルリンを発つとき、当時の参謀本部作戦課長フォン・パウリュス将軍から、バルバロッサ作戦の実施構想について聞いた。(95)

またマツキーからも、年内に、ヒトラーの意図についてかなりのことを知らされた。当時祖国へ戻って、ドイツ軍参謀本部諜報部長に就任していたマツキーは、自分の後任に言葉を選んだ手紙を送り、自分としては、〈ある人物（ヒトラー）の特別な要請〉で準備が進められている、〈赤い顎《あご》ひげの男（バルバロッサ）〉の攻撃計画が、実行に移されないよう願っている、と記していた。(96)

十二月二十八日、ゾルゲはモスクワへ次のように打電した。

ドイツから来日した軍人たちは口をそろえて、ソ連の動きを牽制《けんせい》するために、ルーマニアまで含めた東部国境地帯に、およそ八十個師団のドイツ軍が配備されたと述べている。

ゾルゲはさらに、もしソ連がドイツの利益に反する行動をとってこれに応ずるなら、ドイツはそれをソ連領土の広大な部分を占領する口実とするだろう、と続けている。

ドイツは必ずしもそのことを望んではいないが、ソ連の対応いかんによっては、その手段に訴えるだろう。ドイツ人は、ソ連がそのような危険を冒すはずはないと考えている。特にフィンランド戦争後、赤軍がその軍備の近代化を図るには、少なくとも二十年はかかるとソ連首脳部が見ていることを、ドイツはよく承知しているからだ。(97)

この警告は、ヒトラーがバルバロッサ作戦として名高い第二十一号指令に署名して十日後という、きわめて早い時期に発せられている。だがソ連指導層は、独ソ不可侵条約を過信するという誤りを犯した。このときからゾルゲは、ドイツ軍最高司令部が東部において第二の戦線の口火を切ろうとしている確証をつかもうと必死になる。

しかしスターリンは、自分の判断を暗に批判するこの種の警告を喜ばなかった。彼は、ドイツとの友好同盟は、東部の安全に対して自分がドイツに与えてやった保証である、と信じたがっていた。ヒトラーの忠誠を疑う理由はどこにもなかった。ドイツを恐れることはまったくない、日本の脅威も消失した、いまのロシアは革命達成後最強の状態に至っている、とスターリンは心から信じていた。

ヒトラーがソ連を攻撃する策略に余念がなかったとき、一方でリッベントロープ外相は、英米に対抗するために結集した枢軸《すうじく》国へ、ソ連も加入するよう呼びかけていた。その手土産代わりに、ドイツは東京とモスクワの間を調停する、誠実で公平な仲介役を演じた。

この実行役をまかされたオット大使は、ソ連とのむかしの反目を水に流すよう日本を説得することに努め、かなりの手応《てごた》えを得るまでに至った。昭和十五年十一月十一日付けの電報で、オットは日本の外務次官大橋忠一が、日本はリッベントロープがソ連と日本の関係改善のためにしている努力を歓迎すると語った、とベルリンへ報告している。

リッベントロープの読みは、日本が背後すなわちロシアとの国境への不安から解放されたら、ドイツの対英戦に荷担するだろう、という点にあった。

昭和十五年から十六年にかかる冬、オットは日本の指導層に対して、東亜における イギリスの宝庫シンガポールへの攻撃は、日本に多大な利益をもたらす、という考えを吹きこむよう指示された。彼は松岡外相を始めとした日本の要人相手に、イギリスはヴェールマハト（ドイツ国防軍）に屈服されかかっていて植民地を守る余力はないため、日本軍は簡単にシンガポールを落とせる、と懸命の説得を試みた。

しかしヒトラーは、十月十二日の時点でオペレーション・シー・ライオン（イギリスへの攻撃）を中止しており、オット自身、攻撃再開の日は未定であることを認めていた。日本人はドイツ側の提案に神妙に耳を傾けてはいたが、彼らの腹づもりが、ドイツがイギリス海岸へ攻め入った後で、イギリスの植民地をありがたく頂こうという点にあるのは明らかだった。

ヒトラーの戦争に新たな同盟者を巻きこもうとしているドイツ外交官や武官は大きな不満を覚えた。その後数カ月、あれほどにぎやかに鳴りもの入りで、期待をこめて打ちあげられた三国同盟にもかかわらず、日本は及び腰のパートナーだという苛立《いらだ》ちが、大使館内に繰り返しわき起こった。枢軸国間の足並の乱れを知ったゾルゲは、したりやったりという思いでそれをモスクワへ報告した。

（1）石井花子との面談。同氏『人間ゾルゲ』も参照されたい。
（2）『現代史資料』第一巻　一二四頁《ページ》
（3）同　右　第二巻　二七四頁
（4）同　右　第二四巻　一七一頁
（5）同　右　第三巻　六三一頁
（6）同　右　第二巻　八頁
（7）同　右　第三巻　六四〜五頁。（クラウゼンの手記）
（8）エタ・ヘーリッヒ＝シュナイダーとの面談。
（9）フリードリッヒ・シーブルク“Der Spiegel”
（10）アイノ・クーシネン“Der Gott Stürzt Seine Engel”
（11）同　右
（12）『現代史資料』第二巻　二二九頁
（13）石井花子との面談。同氏『人間ゾルゲ』も参照されたい。
（14）これにはさまざまな説がある。ロシアの資料によると、カーチャは健康を損ねていたために中絶した、となっている。ところが、山崎淑子が昭和四十年に当時の駐日ソ連大使館の上級館員から聞いた話はまた別で、カーチャは可愛《かわい》い女児を出産したという。だが、カーチャの死後、その子は父の顔を見ることなく一九四三年（昭和十八年）に孤児院送りとされ、姓名を変えて育てられた。やがて一九六四年にゾルゲが国家の英雄と称されると、その子の消息が必死で探られたが、結局何もつかめなかった、というのだ。ともあれこの件は、依然としてなぞに包まれたままである。

（15）アイノ・クーシネン "Der Gott Stürzt Seine Engel"

（16）同右

（17）ゾルゲ『獄中手記』

（18）『現代史資料』第一巻 二五四〜五頁

（19）この武勇伝には、こっけいな尾ひれが付いている。ドイツの武器販売人ドクター・フリードリッヒ・ハックは、リッベントロープのために東京における軍関係への顔の広さを利用して日独同盟の気運を盛りあげようと骨折った。

ハックはゾルゲに、ドイツ秘密警察はソ連の諜報員《ちょうほういん》が、ベルリンのリッベントロープやカナリスや大島の家の周囲で張りこみをしていることに気づいた、と語った。連中は「反コミンテルン同盟の秘密折衝が行われているころ、周辺の写真まで撮っていた」。だがハックは、自分一人で三人の高官を守って監視者の裏をかいてやった、と自慢したのだ。

ゾルゲはただちに、このことをモスクワへ伝えた。後に取調べ官に対して、ソ連側が三人の動きに注目したのは自分の報告によるものであり、報告後にはハックもソ連の監視対象となった、と述べている。

(20) ワルター・クリヴィッキー "I was Stalin Agent"

(21) この通信文の要点には、一九四四年に出されたジョージ・マーシャル将軍の最極秘連絡文において、アンダーラインが引かれている。「ヨーロッパにおけるヒトラーの目論見《ろみ》は、大島男爵《だんしゃく》がヒトラー及び他の高官との会談内容を、ベルリンから東京へ発した報告に基づいている。それらはいまでも、真珠湾攻撃に関する一件文書に収まっている」（ロナルド・リューイン "The American Magic" より）

(22) クリストファー・アンドリュー教授との面談。

教授は、次のように述べた。「ロシア側が、モスクワの日本大使館から東京へ送信する際に使用された日本の暗号を、いつごろ解読したかは明らかでない。だが、ソ連はそれだけの専門知識と技術を持っていたようだ。もっとも、いちばん高度な暗号を解読するのは戦後になってからのことだが。ソ連は世界でも有数の暗号解読の伝統を持っており、それにいっそうみがきをかけている点でも、他国の追随を許さない」

(23) 石井花子との面談。

(24) 石井花子『人間ゾルゲ』

(25) 石井花子との面談。

(26) ドイツ人記者ガンサー・スタインは、昭和十一年にロンドンの『ニューズ・クロニクル』紙及び『ファイナンシアル・ニューズ』紙の特派員として来日した。彼はユダヤ人であったため、ナチスが台頭すると、それまでロンドンやモスクワで特派員を務めていたドイツの新聞『ベルリナー・ターゲブラット』紙で働くことができなくなった。彼は昭和十年に刊行した『日本製《メード・イン・ジャパン》』及び『動乱の極東《ファー・イースト・イン・ファーメント》』によって、極東の専門家としての評価を得た。以上は、ゾルゲが拘置所で述べたことである。モスクワ滞在中に、スタインが東京にいる同国人と連絡を取るよう指示されたことはまちがいない。実際、彼が来日前からソ連のための活動員となっていたことは十分考えられる。

ゾルゲは警察署において、スタインは「われわれにきわめて協力的だった」。「われわれの援助者あるいは補助者だった、と考えてもらってさしつかえない」と述べている。以下は、彼がスタインと初めて出会ったときの様子である。

昭和八年ころ、彼はモスクワを出て中国、香港《ホンコン》、スイス、ロンドンへ旅行した。そしてわたしが中国にいると聞いて会いにきたようだが、そのころにはわたしは中国を離れてしまっており、残念ながら会えずじまいとなった。それで、昭和十一年の春に東京の外務省で記者会見が行われたときは、二人とも大喜びした。

初めわれわれは政治論を交わしていたが、やがてわたしは自分が記者以外の仕事にも従事していることをほのめかした。彼は自分も協力したいと申し出た。（『現代史資

料』第二四巻　一三五頁）

スタインはクラウゼンに、自分の家を無線通信基地として利用させた。ゾルゲは自分が病気になったとき、彼を尾崎との連絡役に使うほど信用した。一方スタインは、イギリスやアメリカ大使館で得た情報をゾルゲ諜報網にもたらした。

ここで興味深いのは、スタインとゾルゲが、ハルビン郊外の日本軍研究所でコレラ菌やペスト菌を散布する兵器の研究をしているという最高機密事項を昭和十二年に話題にしていたと、クラウゼンが回想していることである（『現代史資料』第二四巻　二八〇頁）。日本帝国陸軍の細菌戦計画の詳細が日本人に広く知れ渡ったのは、一九七〇年代以降のことなのである。

スタインは昭和十三年の初めに、イギリス国籍を取得しようとしてロンドンへ発《た》った。終戦後チャールズ・ウィロビー少将が、彼をゾルゲ諜報網の一員であったと告発したが、彼はこれを否認した。

(27) クラウゼンの手記

(28) 『現代史資料』第一巻　一二四頁

(29) クラウゼンの手記

(30) 牛場は、尾崎やその多くの有力な友人同様、エリート校〈一高〉の出だった。〈一高〉とは、第一高等学校の略称である。

(31) 風見は、昭和十五年七月に成立した第二次近衛《このえ》内閣で、法相に任命された。

(32) 二カ月後、尾崎は『嵐《あらし》に立つ支那《シナ》』というすぐれた著作によって、一躍有名になった。昭和十二年九月、彼は中国民族主義の潜在力と方向性に関する、深い洞察に基づく論説を著した。中国の最大の不幸は、蔣介石《しょうかいせき》の南京《ナンキン》政府が崩壊寸前にあることではない。「むしろ、中国民族主義運動が速やかに左傾への道を辿《たど》っている点にある」(訳注。この後段は尾崎の思想とは矛盾するが、これは検閲を意識して、あえて自説を隠した表現にしているのではないかと思われる)

(33) 『現代史資料』第二四巻　一五一頁

(34) 戦時中の日本。ハルコ・タヨ・クック&セオドール・クックの証言。("The New York Press" 一九九二年)

(35) 『現代史資料』第二巻　二三二頁

(36) メスナーの "The Man with Three Faces" は、数々の作り話の中に事実をちりばめた本である。ここには、昭和十二年九月二十七日に行われた著者の結婚式に、クラウゼンとヴーケリッチが出席したと書かれている。これは、多くの愉快な事実歪曲《わいきょく》の一例である。ドイツ大使館と何の関係もなかったヴーケリッチが彼の結婚式に招待されたなどとは、考えるだけでもばかげている。クラウゼンもヴーケリッチも、むろん写真には写っていない。出席者の一人ヴォルフガング・ガリンスキーも、この二人は参列していなかったと断言している。

(37) 同右

(38) ヴォルフガング・ガリンスキーとの面談。

(39) 日本在住のドイツ人の数は英米人の半分にすぎなかったが、日独間の新協力態勢のできた昭和十五年の暮れ以降、この割合は崩れた。それまで外国人社会で幅をきかせていたのは、常にアングロサクソン系の人間だった。そしてアメリカ人の発行していた『ジャパン・アドバタイザー』紙が、競争紙『ジャパン・タイムズ』とともに主として英米人に配布されていた（アドバタイザー紙は、昭和十五年、『ジャパン・タイムズ』との併合を余儀なくされた）。この両紙と、香港、上海《シャンハイ》から送られてくるイギリス系の新聞は、非アングロサクソン系の者にとっても重要な情報源となっていた。

これら外国人たちは互いにすぐ溶けこんで、日本にいる孤独感は少しはなだめられた。ドイツ人、イギリス人、アメリカ人は、日本社会の中枢《ちゆうすう》からはじき出されて、エルヴィン・ヴィッカートのいう「対日白人連合」を形成していた。

この状態は、昭和十四年に欧州大戦が勃発《ぼっぱつ》すると変化をきたす。対戦国の国民はほとんど交流しなくなった。昭和十五年九月に枢軸同盟が成立すると、日本当局の故意にする差別がますます激しくなった。ドイツ人とイタリア人だけが、日本の同胞として優遇されたのだ。こうしておろかにも、外国人すべてに向けられていた敵意から、彼らを救出しようとしたのである。

(40) フリーダ・ヴァイスとの面談。

(41) フリードリッヒ・シーブルク "Der Spiegel"
(42) フリーダ・ヴァイスとの面談。
(43) アイノ・クーシネン "Der Gott Stürzt Seine Engel"

その晩彼女は、六本木交差点そばのゴトウ花屋に連絡を取って、ドイツ語の話せる婦人と会ってゾルゲの家に案内してもらった。アイノはこの婦人のことは知らなかったが、「ゾルゲの協力者」だろうと考えていた。ゾルゲの話では、ソ連大使館とつながりのある薬屋の妻ということだった。

昭和十二年のクリスマスの直前、彼女は第四本部から指令を受けて、モスクワ駅まで軍人の一人に同行し、そこでシベリア急行に乗車してくるひと組の夫妻を拾うことになった。夫妻については、外貌《がいぼう》だけしか知らされなかった。

夫妻が列車をおりたとき、アイノはブロンドの妻がいつかゾルゲの使いで自分を訪ねてきた女だと気づいた。彼らも、帰還命令に従ってきたのだ！

後年アイノは記している。「夫妻は待っていた車に乗せられ、やがて消息を絶った。まもなく、わたしが九年間消息を絶つこととなった」

こうした点は、日本の警察が見逃していた諜報網のもう一つの側面である。

アイノは「人民の敵」として逮捕され、ＮＫＶＤの厳しい追及を受けた。それは一年以上に及び、後には長い収容所暮らしが控えていた。やがて「反革命活動」のかどで、八年の刑を言い渡された。きちんとした裁判も正規の法手続きも何一つ取られなかった。こうして、一月の初めから彼女の苦難の生活が始まる。尋問の際彼女は、ゾルゲのことともにベルジン将軍やその後継者ウリツキー将軍のことも訊《き》かれた。
(44) アイノの言葉の修飾なしの翻案。（"Der Gott Stürzt Seine Engel" 参照）
(45) アイノ・クーシネン "Der Gott Stürzt Seine Engel"
(46) クリストファー・アンドリュー教授との面談。
(47) アイノ・クーシネン "Der Gott Stürzt Seine Engel"
(48) ゾルゲ『獄中手記』
(49) 同　右
(50) レルマン・モーリン "East Wind Rising"
(51) 加瀬俊一との面談。
(52) ロシア国防省資料。手紙は、普通マイクロフィルムに収めて密使が運んだが、それには日本のことは一言も触れてなかった。だがカーチャには、〈帯〉を始めとしてゾルゲの送ってくる日本の品物で、彼の居所がよくわかっていたものと思われる。
(53) エタ・ヘーリッヒ＝シュナイダーとの面談。
(54) 同　右
(55) 石井花子との面談。
(56) 昭和十七年二月二十三日の、オットのベルリン宛《あ》て伝言。
(57) フリードリッヒ・シーブルク "Der Spiegel"

(58) エタ・ヘーリッヒ＝シュナイダー "Charaktere undKatastrophen"
(59) ロシア国防省資料
(60) 日本の監視機関によって傍受された通信。グリーンボックスとは日本軍の暗号名である。
(61) クラウゼンの供述。(『現代史資料』第二四巻　二八二頁)
(62) ショルはゾルゲにとって、秘密情報の提供者として計り知れないほど重要な存在だった。彼は他の駐日武官と同様、アプヴェールと日本の陸海軍諜報部との連絡担当将校であった。(ジョン・チャプマン "The Price of Admiralty")
(63) 吉河光貞との面談。
(64) ロシア国防省資料
(65) ショルはベルリンへ戻って中佐に昇進した。ヴェネカーは海軍少将となって、小型軍艦『ドイッチュラント』号の指揮官となったが、昭和十五年に再び東京勤務に戻った。
(66) 『現代史資料』第一巻　二五〇頁
(67) 同　右　第一巻　一七一頁
(68) 同　右　第三巻　一七五頁
(69) しかしゾルゲは、情報源としての価値は不明ながら、日本軍の中にすばらしいコネを持っていた。それは、ドイツ大使館と日本の陸軍省、参謀本部がすぐそばにあって、日本陸軍将校とドイツ武官が緊密に結びついていた時期に実現した。すでに見たとおり、オイゲン・オットとその後継者の陸軍武官マッキー大佐は、ゾルゲを喜んで日本軍人に紹介したし、海軍武官ヴェネカーも同様だった。もっともモスクワは、海軍の動きにはあまり関心を示さなかった。

こうしてゾルゲは、ドイツで武官として訓練を受けたり仕えたりしてきた日本陸軍将校とつながりを持った。彼らはたびたび参謀本部から出てきて、道路を突っきって大使館の裏門をくぐった。逮捕後ゾルゲは、彼らの一部について名前を明かしている。彼はドイツに心酔している武藤章とは、武藤が将官に昇進する前からの知り合いであったことを認めている。武藤は初めは参謀本部、次いで陸軍省で要職についた。ゾルゲはまた、馬奈木敬信大佐、西郷従吾少佐、山県有光少佐の名もあげている。いずれもドイツ大使館との打ち合わせに参加していた者で、打ち合わせはしばしば芸者の侍《はべ》る場所で行われた。

ゾルゲはそういう場にときどき同席したが、おそらく日本の軍人たちは、彼が酒に強く、にぎやかにはしゃぎまわる様子に強い印象を受けたものと思われる。こういうときのゾルゲは慎みなどかなぐり捨てて、どんちゃん騒ぎにうつつを抜かした。ベルリンで流行していた Sternchen や Du bist die Puppe meiner Augen といった歌を朗々と、みごとに歌いあげた。あげくに戦争で負った傷跡を見せると、将校たちは感心した声をあげた。こうして彼は、彼らとかたいつながりを作ったのである。

ゾルゲは回想録において、このような結びつきによって日本の軍人たちから得た情報の有用性についてはぼやかしている。検察側も、そうした微妙な問題について軍部との間に余計な波風を立てたくないため、ことさら深追いはしないように配慮していた。

(70) 『現代史資料』第一巻 四四一頁。法廷記録では、小代伍長《こだいごちょう》が諜報網の一員となった時期は明らかでない。彼の罪状の一つは、昭和十三年七月に起きた、張鼓峰境界線における日ソの衝突情報を流したこととされている。それでクラウゼンは、彼が宮城の手引きで諜報網に協力するようになったのは、昭和十四年二月以前のことだと考えていた。

(71) ロシア国防省資料

(72) 『現代史資料』第二四巻(日本側の通信傍受)

(73) 同右 第三巻 一七六頁

(74) 同右 第一巻 二四〇頁

(75) 同右

(76) 同右 第一巻 二四一頁

(77) 同右 第二四巻 二八一頁

(78) 同右 第一巻 二四一頁

(79) ハーバート・フェイス "The Road to Pearl Har-bour"

(80) 『現代史資料』第一巻 二六九頁

(81) 同　右
(82) ジョーゼフ・グルー "Ten Years In Japan"
(83) ウィルフレッド・フライシャー "Our Enemy Japan"
(84) レルマン・モーリン "East Wind Rising"
(85) ジョン・チャプマン "The Price of Admiralty"
(86) ヴォルフガング・ガリンスキーからの手紙。
　当時、神戸のドイツ総領事館の下級外交官であったガリンスキーは、定期的に東京を訪問していた。彼は昭和十五年九月二十八日の日記に、「大使館の庭園を、シュターマー夫人と連れ立って歩いた」と、記している。接見が済むと大使の息女ウルシューラ・オット、大使館経済部の三等書記官フランツ・クラップフとともに帝国ホテルへ昼食に行って、それから日比谷の宝塚劇場へ向かった、という。

「夕食はローマイヤーで取って早めに床につく」
(87) ゾルゲ『獄中手記』
(88) エタ・ヘーリッヒ＝シュナイダーとの面談。"Charaktere und Katastrophen" も参照されたい。
(89) 『現代史資料』第三巻　六四頁
(90) 同　右　六五頁
(91) 同　右

(92) 同　右
(93) 同　右　第二四巻　一〇一〜二頁
(94) 警察は、クラウゼンの逮捕後に家宅捜索をしてこの報告文を発見した。
(95) クラウゼンが初めに日本で行ったのは貿易関係の仕事であったが、これはあまりうまくいかなかった。第四本部からさらに資金提供を受けて、次には設計図複写用の印刷機の製造販売会社を設立した。これが昭和十二年の夏ころから軌道に乗り出し、翌年四月には新橋にある烏森《からすもり》ビルに事務所を移すことができた。東京の中心街である。さらに事業の発展に伴い、麻布《あざぶ》の宮村町に工場を新設した（『現代史資料』第三巻　一五九頁）。昭和十四年十二月には、M・クラウゼン商会なる合資会社を興《おこ》し、クラウゼンが八万五千円、三人の共同者がそれぞれ五千円ずつ出資した。
(95) ジョン・チャプマン “The Price of Admiralty”
(96) 同　右
(97) ロシア国防省における、昭和十五年十二月二十九日のクラウゼンの電報。

第三部

十　昭和十六年の冬と春

昭和十五年九月二十八日、東京都では、派手で高価な花嫁衣装を禁じて簡素な着物の着用を勧めた。十月一日には、歓楽街へ車で乗りつけることが禁止された。内務省は、これで石油が節約されてむやみに遊びまわる者も少なくなるだろう、と述べた。さらに当局は、決して冗談ではなしに、今後は妾宅《しょうたく》に電話を置くことも禁じられるだろう、と宣告していた。

金持ちの有力者は、こうした規制をたくみに逃れる道を知っていた。たとえばゴルフは、贅沢《ぜいたく》で堕落した〈毛唐〉の遊びとして顰蹙《ひんしゅく》を買っていたが、体を鍛えるために行うという名目なら大目に見られた。

一方では、大量の国家資源が中国における日本軍によって濫費《らんぴ》されているのに、着物ひとつに目くじらを立てるような規則は、いかにもばかげていた。国民にとっていちばんの心配の種は、生活必需品の欠乏であった。永井荷風は、正月を冷えびえとした四畳半の部屋で、湯タンポを抱いて布団《ふとん》にくるまってすごした、と日記に記している。炭も石油もないうえに米も不足しており、飯を炊《た》く気にもならなかったというのである。(1)

『ニューヨーク・タイムズ』紙の通信員オットー・トリシャスは、昭和十六年二月に初めて来日したが、彼の目にした東京はまさに陰鬱《いんうつ》そのものだった。彼は東京へ来る前は戦時中のドイツで働いていたが、東京にもドイツと同じ戦時病の症状が現れていた。

東京にはすでに灯火管制が敷かれており、かつてはブロードウェイの向こうを張ったと言われる明るい照明はほとんど消え失《う》せていた。(2)

生活水準の低下、日用品と輸入品の欠乏、国産ウィスキーの粗悪さ、タクシーの払《ふっ》底《てい》等々によって、オットーはドイツ人からたびたび聞かされたと同じ愚痴を、日本人からも聞かされた。

日本はたちまち、中国よりはるかに手強《てごわ》い敵との戦争に突入すると見越して本気で心配している人々は、自分で防空壕《ごう》を用意した。五人入りの避難小屋が、百五十円という特価で新聞広告に載ったこともある。「平時には、防火と防震用倉庫として利用できます」

あるいは、銀座の伊東屋で、〈防空用品〉を仕入れる者もいた。防毒マスク、懐中電灯、メガフォン、窓おおい用の黒紙等をひとまとめにした袋である。それらは、日本が来たるべき戦闘で初めて経験する本土空襲に備えるものだった。

ブランコ・ド・ヴーケリッチは再婚して実に幸せそうに見えた。新妻の淑子は、優雅で、慎みがあり、献身的で、外国人にすれば夢の日本女性であった。そのうえ聡明《そうめい》で、ものおじせず、機転がきいた。カーチャとの生活に憧《あこが》れて孤独を恐れていたゾルゲは、幸運にも自分の伴侶《はんりょ》にこのような才媛を見つけた部下への嫉妬《しっと》に、苦しまなかっただろうか？

昭和十六年一月二十六日、ヴーケリッチとすでに妊娠七カ月に入っていた淑子は、結婚一周年の祝いをした。二人は昭和十年四月十四日の日曜日に、水道橋の能楽堂で偶然出会ったときのことを思い出していた。午前の公演の切符がちょうど二枚残っており、二人は運命の糸に結ばれるように隣り合った席に坐《すわ》った。(3)

ヴーケリッチは当時三十一歳で、後からの話では、隣の席の美しい女性に一目ぼれしてしまった、という。妻のエディットとの結婚生活にひびが入ってから、彼が新たなロマンスを求めていたのはまちがいない。二人は似合いの夫婦とは決して言えず、最近は口論が絶えなくて、ヴーケリッチは離婚を決心していたのだ。

ヴーケリッチは隣の席の若い女性を劇場のロビーへ誘い、彼女が山崎淑子という名前で、津田英学塾（現・津田塾大学）の学生であることを知った。淑子は、外国人が自分に近づいてきたことにひどく興奮したことを回想している。

わたしはいつも自分の英語の力を試したいと思っておりました。でも父といっしょに暮らしており、父に英語で話しかけるのは照れくさくてできませんでした。その日はとても混んでいて、わたしは気分が悪くなってしまいました。それできれいな空気を吸おうと表へ出ると、彼がついてきて能のことで話しかけてきたのです。

最初彼女はこの外国人に対して、ロマンチックな気分などではなく、ただ英語を話せる相手として関心を持ったにすぎない。ところが、彼女のとりことなっていたヴーケリッチはしつこくつきまとい、しゃれやユーモアを交えてしゃべりまくり、彼女を面食らわせた。

淑子は笑いながらこう述べている。

翌日の四月十五日から彼のラブレター攻勢が始まり、それは、わたしが結婚を承諾するまでに九十一通に達しました。でも彼にとって、そこまでこぎつけるのはひと苦労でした。何しろそのころのわたしは、キスするのは結婚することだと思っていたのですから。富士五湖の一つでボートへ乗ったとき、彼がわたしにキスしようとしたのですが、わたしが帽子をさげて顔を隠したので、彼は帽子に唇をつけてしまいました。彼はとてもがっかりした様子でした。

彼女の予期したとおり、両親は外国人との結婚に猛反対をした。社会が安定している時代でも、裕福な日本人家庭では、外国人の婿《むこ》と考えただけでぞっとしたものだ。一九四〇年代の初めには、ほとんどの者が、外国人と結婚して日本人の純潔性を汚《けが》すのは、国賊的な裏切り行為だという、ばかげた宣伝の影響に染まっていた。〈ボス〉のゾルゲも、ヴーケリッチがエディットとの離婚について相談すると大反対したため、問題はますますこじれた。

エディットと別れたいのは、ほかに結婚したい女ができたからだろうが、そんなことになったら秘密保持は難しくなる。(4)

しかしヴーケリッチが簡単に後へ引かなかったため、彼の決心のかたいことを見てとったゾルゲは、エディットの方をうまくなだめようとした。エディットは、決していいかげんに扱ってはならなかった。彼女は東京諜報網《ちょうほうもう》のことを知りすぎている。ヴーケリッチの家は、クラウゼンの無線基地の一つだ。それに、女が恨みを抱いたら全員を裏切ることだってしかねない。

昭和十三年七月に二人が別居すると、クラウゼンはエディットのために新しい住家を探すよう指示された。そして九月に、彼女は八歳のポールとともに、上目黒に落ちつくことができた。

クラウゼンはエディットの了承を得て、この新しい家で無線通信をすることになった。彼女はできるだけの手伝いはすると約束し、クラウゼンが心臓を患《わずら》うと、大きな無線装置の持ち運びまでした。ゾルゲもその礼として、この母子に特別手当てを与えた。やがて、彼女の方も離婚を望んでいることを確かめたゾルゲは、それを承認した。

こうしてヴーケリッチの夫婦問題は、ひどく金のかかる法手続きを済ませた後、昭和十四年になってようやく片が付いた。法手続きについて言えば、エディットはデンマーク人、ヴーケリッチはユーゴスラヴィア人、結婚場所はパリ、現住所は東京という事情で、なかなか簡単にいかなかったのである。

離婚が成立して数週間したころ、淑子とヴーケリッチは神田にあるロシア正教会ニコライ堂で、洋風の結婚式をあげた。そのころには彼女の両親も諦《あきら》めており、四人の息子、娘とともに式に出席した。「でも、わたしは相変わらず家族のやっかい者でした」淑子はそう述べている。

ゾルゲはこの式に招待されなかった。ヴーケリッチは〈ボス〉に結婚の許可を求めたが、絶対にだめだと言われたため、彼には内緒で式をあげたのだ。ヴーケリッチの証言を通して、彼の家庭問題で東京諜報網が危険にさらされることを気づかったゾルゲが、ひどく心を痛めたことが推量できる。

日本の女と結婚すれば、諜報網の秘密がばれる危険が大きくなる。いくら彼女がきみを愛していても、仕事のことを知ったら離れてしまうかもしれない。そうしたら、その口から秘密が漏れないとどうして言い切れるんだね？（5）

しかしヴーケリッチは、いつまでも結婚のことをゾルゲに隠していることはできず、びくびくしながら打ち明けた。予期に反して、ゾルゲは何一つ怒らなかった。「済んだことは仕方がない」ゾルゲはそう言ったが、彼の命令が部下に守られなかったという事実は残ったし、この件を本部に連絡しなければならなかった。

日本にいる間は、彼女には組織のことを話してはならない。できればきみはユーゴスラヴィアへしばらく戻って、ゆっくり考えてみたまえ。そしてモスクワの許可を取って彼女にすべてを打ち明け、運動に引きこむことだ。それができなければ、きみは組織から身を引く以外にない。(6)

こうしてヴーケリッチはモスクワの指示を待つよう告げられた。ゾルゲは、ヴーケリッチの帰国要請をモスクワへ連絡して、それを彼に見せた。モスクワからの回答は、いましばらく待て、というものだった。ところがそれからまもなく、ヨーロッパの戦火がユーゴスラヴィアまで飛んで、ヴーケリッチは帰ろうにも帰れない状態となり、この問題は棚あげされてしまった。

結婚前にヴーケリッチは、自分はコミュニズムを信じている、と淑子に伝えていた。それは、千六百余人という日本の左翼主義者を刑務所送りにした、凶悪な〈危険思想〉だ。

だが彼は、自分が諜報網のメンバーであり、ジャーナリストとしてではなく秘密の使命を帯びて日本へ来ていることは話さなかった。彼は何とかして、淑子を危険な任務に巻きこむまいと心を砕いていた。

言うまでもなく、エディットは来日したときにその目的を知っていた。そして補助活動を通してではあれ、運動の有力なメンバーとなっていた。クラウゼンはソ連のための秘密活動についていることを、結婚後アンナに打ち明けた。徹底した共産主義ぎらいのアンナは、それを聞いてかなり不機嫌になった。

淑子が、自分の夫が何かうさんくさいことをしているらしいと気づいたのは、二人で牛込左内町の小さな家に移ってまもなくのことである。彼女が驚いたのは、一人の太った、あまり上品とは言えない、〈典型的なドイツ商人〉が、重そうな書類かばんを持って月に一度家を訪ねて来ることだった。男は二階の空いている寝室へ入ると、そのまま何時間も出てこないのだ。

ヴーケリッチは、このわけのわからない訪問者について彼女に詰問《きつもん》される。あのドイツ人は、〈ボス〉の指令で遣わされた反戦運動の同志だ、と彼は言った。ヴーケリッチはゾルゲのことを、いつもただ〈ボス〉とだけ言っていた。この運動の目的は、日本がソ連との戦争に巻きこまれるのを防ぐことにある。淑子は、それはとてもすばらしいことだと思った。そして、そんな危険な運動に携わっている彼をますます尊敬するようになった。

それどころか、こうして隠れて人のために尽くす行為は、この若くて頭のよい女性の冒険心に強く訴えるものがあり、彼女はわたしにも何か手伝わせて、と言った。それなら、二階の男が無線操作に余念がないときに、警察や見知らぬ者が訪ねて来たら知らせてほしい、とヴーケリッチは頼んだ。ある日、太ったドイツ人は、不注意にも会社の領収書を落としていった。それで彼女は、男がクラウゼンという名であることを知った。

〈ボス〉については、相変わらずぼんやりしたままだった。ヴーケリッチは彼のことを、ひどく尊敬した口調で話している。あの人は大した人だ。ただちょっと〈だらしがない〉、女とみるとすぐに手を出す身持ちの悪いのが欠点でね。でも、涙もろいところもあるんだよ。モスクワに残してきた女性の手紙を読んで泣いてたことがある。

ヴーケリッチは、密使に届けられたマイクロフィルムを部屋の壁に拡大投射したことがあり、その中にゾルゲを泣かせたというドイツ語の手紙も入っていたのだ。淑子がゾルゲと言葉を交わしたのはほんのふたことみことで、それも電話でのことだった。しゃがれ声が、ヴーケリッチを出してほしいと言ったときにぴんときたのだ。それからしばらくして、新聞がソヴィエトのスパイ事件を報じたとき、彼女は初めてその声に一つの顔を重ね合わせることとなる。一度だけ彼女は、ヴーケリッチとローマイヤーに入ったとき、直接目にできるくらいゾルゲに近づいたことがある。

わたしたちはランチを取っておりました。そのときブランコが急に、ボスが坐っている、振り向かないように、と言ったのです。わたしは言われたとおりにしましたので、ゾルゲの顔は見ませんでした。

国家主義の熱病が荒れ狂っていた当時の日本で、外国人男性と結婚する女性には、それなりの胆力が必要だった。右にも左にも光っている、〈愛国的な〉おせっかいの好奇の目と、その筋の詮索《せんさく》の目に耐えなければならなかったからだ。

昭和十五年のある日、淑子とヴーケリッチが日比谷公園わきの道路を歩いていると、帝国ホテルの方から石が飛んできた。そのとき制服の巡査が、こわい顔をして近づいてきた。

わたしは巡査に、この非常時に外国人と連れだって何をしているのか、と咎《とが》められました。わが国が毛唐めらと戦っているというのに、お前はその毛唐といちゃついておるのか！　彼は本気で怒っており、すごい剣幕でどなりました。ブランコもひどく頭にきた様子で、日本語で言い返しました。「やめたまえ！　これはわたしの妻だ！」彼はパスポートを取り出して、二人が正式な夫婦であることを示しました。

「きみは、ああいういやなことに耐えなけりゃならないよ。みんな、外国人と結婚したきみを国賊のように見ているんだ」

昭和十六年初頭から、新聞は連日のように、国家非常事態に備えるよう国民に訴えるようになった。物資が制限されるに伴い、質素倹約こそ貴い美徳として奨励されるようになった。

三月一日、東京都民は明け方に起きて皇居の方に向かって参拝し、〈新東亜の日〉

を祝った。この日のために、キャバレーもダンスホールも娼家《しょうか》も閉鎖された。

カフェの女給、芸者、公娼たちも、針仕事、封筒作りその他のことでお国の役に立とうとしている。これで得られる売上は、必ず国防の基金となるだろう。

『ジャパンタイムズ・アンド・アドバタイザー』紙は、国民の士気を高揚させるためにこのような記事を掲載した。

日本の新聞にはいよいよ難解な言葉が並ぶようになり、外国人には注釈なしではとても理解できなくなった。ゾルゲはほかの外国人記者にならって、『ジャパンタイムズ・アンド・アドバタイザー』紙に丹念に目を通した。これが、東京で残っていた唯《ゆい》一《いつ》の英字新聞であるが、実際にはそれは政府の御用新聞だった。ゾルゲはその記事のあちこちを、『フランクフルター・ツァイトゥング』紙に寄稿する自分の記事に引用した。これなら検閲に引っかかることもないだろう。そうした制約にもかかわらず、『ジャパンタイムズ・アンド・アドバタイザー』紙を注意深く読んでいると、日本の権力構造の政策傾向、割れ目や裂け目、摩擦等が自然と感取できた。やがてその一つ一つに、尾崎が例の炯眼《けいがん》によって明快な説明をつけてくれた。

ゾルゲは、世情を計る自分なりの尺度を持っていた。花子は日用品の配給制限、新鮮な野菜や魚の不足、単純な娯楽を禁止されたことをこぼしながら、身内や友人の様子をいろいろ話した。それは熱烈な愛国心によって、あらゆる社会層の国民が喜んで困難に耐えているという報道宣伝とは、いささかおもむきの異なるものだった。

中国の〈聖戦〉を銃後で支えるために強いられた犠牲は、全国民が平等に負担していたとはいえ、もはやその我慢も限界にきていた。ところが政府高官たちは、こうした禁止もどこ吹く風で、自分たちだけこっそり楽しんでいた。そのことは、永井荷風がひそかに書き続けた日記を読めば明らかである。昭和十六年三月三日、彼は政府の定めた新体制運動の腐敗ぶりについて、例によって痛烈な批判を浴びせている。

栃木県鹿沼《かぬま》の出のある芸者は、お上《かみ》から派手な遊びが禁じられているのに、自分の仕事は引く手あまただ、と彼に語ったという。彼女が勤める待合は警察の手入れを受けない。何しろお客さんが、特高や大政翼賛会のお偉いさんばかりですからね、というのだ。

「新体制の腐敗早くも帝都の裏面にまで瀰漫《びまん》せしなり。痛快なりと謂《い》ふべし」荷風は日記にこう記している。（7）

三月の第一週、オット大使は、ベルリンから届いた極秘電報のことをゾルゲに告げた。リッベントロープ外相が、日本にシンガポール攻撃をさせるようあらゆる努力をせよと、またも緊急指令を発してきたというのだ。

大使はひどく不機嫌だった。過去二カ月間、大使館は総力をあげて日本とベルリンとの仲介を図ろうとしてきた。武官も政治課や報道課もオット自身も、日本をせっついて戦争に引きこもうと、寝る間も惜しんで働いた。海軍武官ヴェネカーは、日本海軍の参考にさせようとして、大規模なシンガポール侵攻作戦まで立てた。だが、軍及び政府高官の大部分は懐疑的だった。あきらかにリッベントロープ外相は、日本人操作を甘く見ていた。「驚くことでもありませんよ」ゾルゲは言った。彼は、戦争売りこみで大わらわになっているオットを、内心で冷笑していた。

大使だって、日本人が希代の寝わざ師だということはご存知でしょう。前にも申しあげたとおり、日本はヒトラーのダシとして利用されたくないんです。すべて同盟とは騎士とその馬から成る、と言ったのは大ビスマルクではなかったですか？ つまり日本は、枢軸《すうじく》国の連盟関係で、騎士を運ぶ馬にはなりたくないんですよ！ (8)

このやり取りは、オットがベルリンへ発《た》つ数日前に行われた。彼は、モスクワ、ベルリン、ローマへ歴史的な訪問をしようとしている松岡外相の先導役を指示されていた。出発に先立ち、大使はベルリンでヒトラーやリッベントロープとの重要会談に臨む腹がまえについて、ゾルゲの助言に注意深く耳を傾けた。

日本とドイツとの兄弟関係には限界があることをはっきりと説明すべきだ、というのがゾルゲの意見だった。両国の国民は同じ寝床に眠り、同じ征服の夢を見ている。だが足並はたびたび乱れて、ドイツ大使館ではいつも、自分たちは取るものは少なく与えるものばかり多いと嘆いていた。ゾルゲは、東京とベルリンの間の亀裂《きれつ》を衝くチャンスを逃さなかった。枢軸加盟国間に少しでもひび割れが生じてくれれば、こんなありがたいことはない。それは、いつソ連へ向くかも知れない同盟の結束力を、弱めるきっかけになるからにほかならなかった。

ゾルゲの旧友プリンツ・ウラッハは、変化しつつあるドイツの方針について貴重な意見をいくつか提出した。ウラッハは、ジャーナリストからドイツ外務省報道課へ転進しており、リッベントロープは、依然としてシンガポールに対する日本の積極的な侵攻を期待していると告げた。しかしそのことでアメリカを刺激して、イギリス側につかせるように仕向けてはならないとも考えている。現在ベルリンでは、日本を極東におけるソ連の牽制《けんせい》役に仕立てようとする考えが主流を占めつつある。自分の懇意にしているドイツ参謀本部職員の話では、ドイツがいちばん望んでいるのは、日本が満州で軍備増強を図ってシベリアへ圧力を加えることだ、と伝えたのだ。(9)

ゾルゲはこの意見に耳を澄ました。これには矛盾する要素が混在している。ドイツが、東部においてロシアという熊《くま》の尾を日本に踏みつけさせようとしているのは、彼らがまちがいなく西部への進撃を企てているためだ。つまりドイツは、リッベントロープを通してオットに依然として日本にシンガポール攻撃をそそのかさせている一方で、その日本にソ連を攻撃させる構想を描いていたことになる。

このことは、クレッチマーとの話し合いでいっそう明白となった。クレッチマーは、マツキー将軍からベルリンの高官たちの腹づもりを、手紙で知らされていた。その中でマツキーは、陸軍将校やその他の部隊の間における猛烈な反ソ感情について伝えてきて、クレッチマーにどう考えるべきかを示唆《しさ》していた。クレッチマーは、それをゾルゲに打ち明けながら、自分の意見を添えた。

マツキー将軍の手紙からして、われわれとロシアとの間には、現在の戦争が終結した後にきわめて厳しい事態が待ち受けている、と思わなければならない。それが、高官及びヒムラー側近の間で主流を占めている空気なのだ。

だが、かつて参謀本部でソ連の専門家として仕えたことのあるクレッチマーは、彼の多くの同僚ほど激しい反ソ感情を抱いてはいなかった。

いまわれわれは、日本が同盟国の一員としてどんな貢献をすべきかという問題に当面している。日本は相変わらずソ連のコミュニズムを打倒することを、自分たちの使命と考えているだろう。しかしわたしはいまでも、肝心なのは日本にシンガポールを侵攻させることだと思っている。

大使館におけるこの話し合いによって、ゾルゲはドイツがロシア侵攻の戦闘的同志として、日本を利用しようとしていることを知った。日本はソ連を攻撃するか否《いな》か、という彼に与えられた本来の使命は、いまこそ全神経を集中すべき緊急課題となったのである。

三月十二日、松岡外相は明治神宮で明治天皇の御霊《みたま》に参拝した後、東京駅から長い訪欧の旅に出た。ベルリン、ローマ、モスクワを訪れて帰国するのはひと月以上先の予定で、ロシア人が仕立てた特別列車によるシベリア横断に、旅程のかなりの部分がさかれることになっていた。

ゾルゲ諜報網《ちょうほうもう》は、松岡の随行員に〈もぐら〉を潜行させていた。西園寺公一《さいおんじきんかず》である。昭和十一年のヨセミテ会議出席以来、尾崎に心服していたこの貴族の末裔《まつえい》は、外務省嘱託として使節団に参加していた。出発前に西園寺は、この訪欧旅行では具体的な成果は何一つ期待できない、と尾崎に告げていた。何よりもこの訪欧は、枢軸国間の結束を明確に表明することを意図したものだ。国民の間でもっとも名の知られた元老西園寺公望《きんもち》の孫（養子）である公一は近衛《このえ》側近の一人であり、確かな情報として、松岡の任務はヨーロッパ情勢の視察だけで、ヒトラーやリッベントロープとの会談では何の言質《げんち》も与えないことになっている、と伝えた。むしろ目玉は、ソ連と不可侵条約を結ぶ交渉をして両国の国交改善を図ることだ。三月二十四日にモスクワへ立ち寄った際、松岡はソ連外相ヴィアチェスラーフ・モロトフにこの条約の提案を行った。

二十六日にベルリンへ到着すると、松岡は遠来の帝王さながらの大歓迎を受けた。彼の歩くところにはすべて赤い絨毯《じゅうたん》が敷かれ、ドイツ国民は日本国旗を振って歓呼の声をあげ、街頭には幔幕《まんまく》が張りめぐらされて、楽団は日本国歌を演奏した。むら気で言動に一貫性のない松岡は、こうした派手なことが大好きで、ドイツとイタリアのマスコミから、枢軸国の立て役者、近衛内閣の最高実力者と持ちあげられるとすっかり舞いあがってしまった。

二十七日、リッベントロープの賓客として午餐会《ごさんかい》に招かれる。このナチスの外相は、日本にとってシンガポール攻撃こそが得策であり、それによって日本は東南アジアの覇権を握ることができる、と口をきわめて説得した。松岡は本国の指示を守って、言質を与えるような回答は慎重に避けた。

ヒトラーは、松岡にはソ連攻撃計画であるバルバロッサ作戦のことは、知らせないよう指示していた。日本を枢軸国側に引き入れはしたものの、『わが闘争《マイン・カンプ》』においてひどく軽蔑《けいべつ》した国民に対する不信感は、ヒトラーの中にいまも根強く残っていた。日本がバルバロッサ作戦のことを知ったら、ソ連や英米にそれを漏らして自分に有利な立場を築きかねない。

　これは有名な話であるが、ヒトラー・松岡会談は実におかしな独演会に終始した。ヒトラーは話し相手が誰かを忘れてしまいでもしたように、一人でしゃべりまくったのだ。こぶしを振りあげ、テーブルを叩《たた》き、興奮して大声をあげた。「イギリスを叩きのめしてくれる！」ヒトラー心酔者であった松岡はこれに強い印象を受けた。饒舌《じょうぜつ》という点ではヒトラーに劣らなかったリッベントロープは、ドイツとソ連との間に高まりつつある緊張感についてたびたびほのめかした。だが、ドイツが発したこの信号は通訳の過程で省略されたか誤訳されたかして、日本側使節団には伝わらなかった。このため松岡は、日ソの関係改善はリッベントロープにもまだ支持されていると信じたまま、ローマ、ヴァチカン宮殿へ意気揚々たる訪問を行い、やがて四月五日にベルリンを発つと、帰途再び友好回復を目ざしてモスクワへ向かった。

　翌六日の早朝、使節団一行がドイツとソ連の国境へ着いたとき、ドイツのラジオが、ドイツ国防軍のユーゴスラヴィア侵入を報じた。ユーゴスラヴィアのセルビア人は、自国を枢軸国に売り渡したパウル皇子を三月二十七日に追放して、ドイツとの条約を破棄した。この正面きった抵抗に激怒したヒトラーは、セルビア軍討滅のための一大軍事行動を展開した。ヒトラーの狂気めいた行動のつけは、後に致命傷となって自らにはね返ることとなる。このバルカン半島への寄り道のために、ロシアへの侵入がおよそ一カ月遅れたのだ。昭和十六年に松岡の秘書を務めた、加瀬俊一《としかず》は述べている。

ロシア侵攻が一カ月早かったら、ヒトラー軍は雪で身動きできなくなる前に、モスクワへ到達していただろう。(10)

言うまでもなくヒトラーは、この腹だちまぎれの行為が自分の命取りになるとは、そのときは夢にも思っていなかった。

ユーゴスラヴィアの反枢軸行為の裏には、ソ連諜報員の工作があったと一般に考えられているが、これに対するナチスの懲罰遠征は、より直接的な効果も生んだ。そのせいでソ連首脳部のヒトラーへの不信感がますますつのり、松岡がモスクワへ戻ったとき、彼の友好政策を歓迎するムードが高まっていたのである。

四月十三日、松岡とモロトフは日ソ中立条約に調印する。これによってソ連と日本は、日ソのいずれかが他国から攻撃を受けても、一方は中立を守ることを保証し合った。調印が終るとクレムリン宮殿内でワインの大盤ぶるまいが行われ、次々と乾杯の声がわき起こった。スターリンは天皇裕仁《ひろひと》に、松岡はスターリンに乾杯した。

一説によると、スターリンは松岡に「あなたはアジア人だ。わたしもアジア人だ」

と述べた。これに対して松岡も胸を張って、「われわれはともにアジア人です。アジア人のために乾杯しましょう！」と応じたという。

ロシア人はいろいろな意味で満足していた。日ソ中立条約は三国同盟に打ちこんだ楔《くさび》であり、確固たるものではないにせよ、東からの攻撃に対してある程度の安全を保証するものだった。一方日本にとっても、これでソ連との関係が安定して北方からの脅威が減少する。いまや日本は、その拡張策が英米との間に摩擦を引き起こしても、ソ連の中立という保証のもとに、南進を展開することが可能となったのである。

二十二日、二日前に帰日していたオット大使は西東京の立川軍用飛行場で、大勢の著名人に混じってイタリア、ソ連の大使とともに待っていた。やがて、ひと月以上の旅行で大成功を収めた、松岡外相を乗せた双発プロペラ機の低いうなりが、くもり空から響いてきた。いまや国際的スターとなって目のくらんでいる松岡は、レインコートに中折帽、愛用の竹製ステッキを持って地上におり立った。彼は近衛首相と、新聞が「温かい握手」と報じた握手を交わし、各国大使たちにも挨拶《あいさつ》した。陸軍将校たちも彼の帰国を祝福し、やがて政府は彼の功績をたたえて盛大な晩餐会《ばんさんかい》を開いた。

外国の新聞は、外相官邸で五分間だけ記者会見を許された。そのときアメリカとの交渉に臨む腹づもりを訊《き》かれた松岡は、「どこの外交官も、どんな交渉を考えているか、どんな方法を用いるかを、事前に打ち明けることはないでしょう」と答えた。三十人の記者に混じっていたゾルゲにとって、これは対米交渉を公式に確認したも同然だった。『フランクフルター・ツァイトゥング』紙への寄稿文に、ゾルゲは慎重に慎重を期して、松岡はその注意を「英米との関係を模索する」ことに向けている、という日本の新聞記事を引用した。(11)

松岡がひどく急いでいたため、新聞には彼の考えを盛りこんだ声明書が配布された。日ソ中立条約は三国同盟を強化するもので、「ドイツ、イタリア両国ともこの条約を心から歓迎している」というのがそれだ。

ドイツ人にとって、これは寝耳に水の話だった。彼らは日ソ中立条約に驚きかつ困惑していた。この条約は、ベルリンの外交方針とは相反するものだったのだ。ゾルゲによれば、

　ドイツ人は、日ソ間で中立条約が結ばれるとは夢にも思っていなかった。(12)

オットは、東京へ戻るとすぐに自分の不安をゾルゲに訴えた。

日本は日ソ中立条約の締結によって、ソ連にきわめて接近した。ドイツはそれを決して歓迎していない、とオットは述べた。

それでわたしは、日本とドイツとの関係にひびが入ったと感じた。

ゾルゲは尾崎に、日ソ中立条約に対する国民や権力者の反応を尋ねた。尾崎にとって、この回答には何の苦労も要らなかった。彼は昭和十四年六月から、南満州鉄道(満鉄)の調査部勤務となっていた。満鉄は満州で莫大《ばくだい》な利益をあげ、鉄道会社どころか一大帝国の観を呈していた。

彼の所属する部署では、さまざまなデータを収集分析して関東軍の便に供しており、しばしば軍の委託で各種の調査を行っていた。この仕事を通して、尾崎はゾルゲの諜報網にとってはかり知れないほど貴重な、政治、経済、軍事情報に接触することができた。尾崎は満鉄や朝飯会の大勢的意見を探り、西園寺からの随行報告に耳を傾けた。

四月の下半期、尾崎はゾルゲとたびたび会って自分の調べたことを伝えた。

日ソ中立条約は、政界にも軍部にもおおむね好意的に受け入れられている。国民も、ソ連との戦争の危機が遠のいたことに安堵《あんど》している。

しかし、ドイツと日本の連携が無になるのではないかという点を衝いて、この条約に異論を挟む者もいないわけではない。だが朝飯会は、新条約は三国同盟と対立するものではない、という意見に傾いている。それによってソ連をはっきりと攻撃目標からはずし、独ソ間に衝突が起きた場合には、日本は中立国としての責任を果たせばよい。

しかし尾崎自身は半信半疑だった。日本の態度は情勢次第でくるくる変わるため、これでソ連は、東部国境の安泰は万全だと考えてはならない、と案じていたのだ。彼はゾルゲに忠告している。

日本の対ソ侵攻姿勢に、決して気を緩めてはならない。（13）

ゾルゲが大使館で聞き出したことも、この懐疑的態度が賢明であることを裏づけるものだった。松岡は帰国直後に、ドイツとソ連が交戦した場合には、日本はこの条約を反古《ほご》にするつもりだと述べたが、そう聞いてもドイツ大使の気持ちは休まらなかった。だがゾルゲの次のような説明を聞くと、ようやく納得した。

独ソ戦が勃発《ぼっぱつ》したら、日本がドイツ側について参戦するのを避けようとする閣僚

は、ほとんどいないはずです。(14)

気まぐれな松岡外相に、閣僚や海軍、陸軍指導層の大多数は同調していなかった。とはいえモスクワにとって、日本との条約にあまり信用を置きすぎるのが軽率なことは明らかだった。

ゾルゲは、シンガポール攻撃についてドイツが執拗《しつよう》に圧力をかけていることに、日本がどう対応するかについても関心を持っていた。その可能性は薄い、というのが尾崎の見解だった。尾崎は、近衛首相が、〈シンガポール討滅〉構想にかこつけて枢軸《すうじく》派の再結束を図ろうとするオットの作戦を批判しているのを、耳にしていた。近衛は尾崎に、「この計画は、オットが一人でもてあそんでいるのだ」と述べたという。(15)

それから数週間して、大使館はようやく、ゾルゲがとうに承知していたことに気づく。すなわち長いこと続けられたドイツの説得工作は失敗したのである。だがこの経過についてはいつまでもはっきりせず、海軍武官ヴェネカー少将が、日本にはシンガポールを攻撃する意思がまったくないことを日本海軍の情報源から知らされたのは、実に六月十日になってからだった。海軍は、そうした行為は必ずアメリカを刺激し、日本はまるで勝ち目のない戦争へ突入しかねない、と憂慮していたのだ。

オットの不在中に、ゲシュタポのヨーゼフ・マイジンガー大佐が来日して、大使館で警察の職についた。〈ワルシャワの殺し屋〉という薄気味悪い彼の前評判によって、大使館員の中には、自分たちが何の因果でこんな男といっしょに働かなくてはならないのか、といぶかる者もいた。

ベルリンのナチス親衛隊SS傘下《さんか》の保安諜報部SD外務局長ワルター・シェーレンベルクが残したマイジンガーの経歴書には、「非人間的としか言いようのない、凶暴で下劣きわまる男」と記されている。かつてワルシャワ勤務となったとき、そのサディスティックな暴虐《ぼうぎゃく》非道には、さしものものに動じないゲシュタポ幹部たちですら吐きけをもよおした、と言われている。ラインハルト・ハイドリッヒ長官の取りなしがなければ、彼は軍法会議にかけられて処刑されるところだった。彼の東京勤務は、こうした波風がおさまるまで彼を遠ざけておく措置にほかならなかった。(16)

マイジンガーの容貌《ようぼう》も、その悪評にぴったりのものだった。「彼は、人兵肥満、粗野、はげ頭で、この世のものとも思われぬ醜悪な顔をしていた」とシェーレンベルクは記している。この彼とやり合ったことのある女性は、「あの人はそれは恐ろしい人で、オフィスへ入ったときわたしは膝《ひざ》がガクガクしてしまいました」と回想してい

る。(17)

マイジンガーは冷蔵庫から取り出した生肉を素手で食べるのが好きだった、という噂《うわさ》もある。(18)

大使館付き公安官としてのマイジンガーの任務は、日本警察と連携して反ナチス的ドイツ人を取り締まることであった。しかしそれ以上に重要なのは、次々と密偵を放って大使館員を監視し、在日ドイツ人社会にひそんでいる第三帝国の敵を摘発することだった。とりわけ『フランクフルター・ツァイトゥング』紙の通信員ドクター・ゾルゲは、要注意人物と指定されていた。

SS・SD外務局はゾルゲの忠誠心に疑惑を抱いており、シェーレンベルクは昭和十五年に彼の捜査を依頼された。

「そのころ、ナチス、とりわけナチスの外国人組織の間で、ゾルゲの政治経歴が問題視されていた」とシェーレンベルクは記している。彼はそのことを、ゾルゲがときどき寄稿していたドイツ通信社（DNB）の総裁ウィルヘルム・フォン・リトゲンに告げた。リトゲンには、ゾルゲを疑う理由が何一つなかった。事実彼は、ゾルゲに日本の発展ぶりについて嚙《か》みくだいた取材記事を依頼したことがあり、その結果は幹部クラスに回覧されて、ゾルゲの判断がきわめて適切であるという評価を受けていた。こ

の見事な仕事ぶりを見て、リトゲンは「これからも、ゾルゲを使わないわけにはいかないと思った」。(19)

しかしリトゲンは、念のためにゲシュタポやSD内務局に保管してあるゾルゲの経歴書を調べてみたらどうかと提案した。シェーレンベルクがゲシュタポの一件書類を調べると、きわめて頭の痛い事実が判明した。

実のところ、ゾルゲがドイツ共産党員だという確証は何もなかった。だが、名のあるコミンテルン活動員の大勢と接触していたことはまちがいない。「少なくとも、彼は共産党シンパだと見なさないわけにはいかなかった。しかし彼は多くのドイツ人有力者と懇意にしており、こうした疑いからたくみに保護されていた」(20)

シェーレンベルクはしばらく思案したあげく、一つの妥協案を提出する。

たとえゾルゲがソ連の諜報《ちょうほう》機関とつながりがあるとわかっても、十分用心したうえで、彼の深い知識を利用する手段を講じることだ。つまり、彼がソ連や中国や日本に関する秘密資料をわれわれに提供するかぎり、わたしは彼を党の追及から守ってやる、という点で合意した。(21)

そのとき以来、リトゲンに提出されるゾルゲの記事は厳密にチェックされるようになったが、それらはすべて信頼に値するもので、シェーレンベルクの部署でさえそれを利用していたほどである。

ゾルゲとドイツ警察との関係には、いくつかわからない点がある。表向き、彼は相変わらずリトゲンの組織のために働いていたが、彼の提出する資料はすべてシェーレンベルクの手元に届けられていた。ゾルゲはこうしたドイツ側の動きを薄々知っており、リトゲンが自分の提供した秘密情報の大部分を、内々でドイツ諜報部に渡していることにも気づいていたふしがある。

同じころ、ゾルゲがソ連の手先であるか否《いな》かを確かめるために、彼を厳重に監視することが決定された。だが問題は、地の果ての東京で誰がこの探索にあたるかということだった。現地にいる保安職員はすべて経験の浅い青二才ばかりで、ゾルゲほど頭のよい人間には苦もなく手玉に取られてしまう。

まったく不注意なことに、わたしがぐずぐずしているうちに、ゾルゲはわれわれのための仕事をし始めてしまった。(22)

シェーレンベルクはこう記している。

この問題は、ハイドリッヒがマイジンガーを東京の駐日大使館へ送りこむことで解決された。シェーレンベルクはこのゲシュタポ職員が出発する前に申し渡した。ゾルゲから目を離すな。その結果を、SD外務局に定期的に電話で連絡せよ。

ゾルゲは、このゲシュタポの役割はドイツ大使館員を厳重に監視することであり、大使館の臨時職員である自分もその対象に入っていると読んでいた。彼が、若いころの自分のドイツにおける秘密活動を、逐一掘り起こすかもしれないと考えると、ゾルゲは落ちつかなかった。日本においてゾルゲは、ナチスへの反感を隠さなかった。それを快く思わない狂信的なヒトラー信者が、彼の痛烈な批判をベルリンへ通報したことは容易に考えられる。

ゾルゲは何とかして、マイジンガーの来日の真の狙《ねら》いを知ろうとした。幸運にも、四月初めに赴任して一、二週間ほどしたころ、彼のオフィスのかぎが手に入った。ゾルゲは初めから彼に接近するつもりでいたが、それは案外簡単に実現した。彼はゾルゲの酒好き、女好き、それに話し上手に、上機嫌で乗ってきたのだ。(23)

やがて二人の間に、騒々しく猥雑《わいざつ》なつながりができる。五月に来日したあるドイツ上級外交官は、このブタみたいな太っちょは、「ゾルゲにたびたび気前よく酒をおご

られて、感謝に耐えないようだった。そうしながら、ゾルゲに小ばかにされていると
も知らずに」と述べている。(24)

(1)永井荷風『断腸亭日乗』
(2)オットー・トリシャス"Tokyo Record"
(3)山崎淑子との面談。
(4)ヴーケリッチの供述をもとに会話体に翻案。
(5)同 右
(6)同 右
(7)永井荷風『断腸亭日乗』
(8)ゾルゲの法廷供述をもとに会話体に翻案。
(9)ウラッハは、日独外務省間の報道協定を締結するために来日しているとされていた。だがゾルゲは、ウラッハが、同盟国ドイツ支援のために、日本はシンガポール攻撃を行うかどうか、対ソ戦に参加する意思があるかどうかを探るという、密命を帯びていたと述べている。(ゾルゲの供述及びジョン・チャプマン"The Price of Admiralty")

（10）加瀬は、松岡に随行した若手外交官であった。彼は半世紀以上経《た》ってから、その酔ったような春のことを振り返って、居間の写真を指さした。それは、クレムリン宮殿のモロトフの事務所で、日ソ中立条約が調印されたときのものである。最前列に坐《すわ》った松岡の後ろに加瀬が立っているその写真は、思わず笑いを誘われる。彼は、ドイツは自分で自分の首を締めてしまった、と述べている。ヒトラーとリッベントロープは、自分たちの味方である日本人にソ連侵攻意図の秘密を明かさなかったために、日ソの友好回復の可能性はまだ十分残っていた。それはリッベントロープ自身が、前年秋に提案したものなのである。

「ドイツは、モスクワとうまくやっている間は日ソの関係改善に積極的に手を貸そうとしていた。だがわれわれがそのための会談でクレムリンを訪れたころには、ベルリンとモスクワの関係は悪化し始めていた。

それでわれわれは、独ソ間の友好ではなく敵対関係をたくみに利用した」

（11）四月十七日、松岡の乗った列車がウラル山脈をゆるゆると越えているころ、日本の新聞に、日本は三国同盟をアメリカ、イギリス、中国に接近する〈新たな刃《やいば》〉として用いかねない、という意味の記事が載った。この比喩《ひゆ》は決して適切とは言えないが、これは日本とアメリカが、外交交渉で内々に摩擦解消を図っている事実に、暗示的にではあれ最初に触れた新聞記事である。

（12）『現代史資料』第一巻　二七二頁《ページ》

(13) 同右 第二巻 一七七頁
(14) 同右 第一巻 二七三頁
(15) 同右
(16) ワルター・シェーレンベルク "The Schellenberg Memoirs"
(17) フリーダ・ヴァイスとの面談。
(18) Dr. Fred de la Tyobe との面談。
(19) リトゲンは、ナチス機関紙『NS・パルタイ・コレスポンデンツ』紙の編集者でもあった。
(20) ワルター・シェーレンベルク "The Schellenberg Memoirs"
(21) 同右
(22) 同右
(23) マイジンガー大佐は、妻をドイツに残してきて、SSの帝王ハインリッヒ・ヒムラーの妾《めかけ》を〈借用〉していた、と言われていた。彼が東京へ来たときその女も後を追ってきたが、昭和十六年の夏に捨てられた。マイジンガーは、自分の秘書としていたオランダ領東インドを逃れてきた、若いドイツ女性と懇《ねんご》ろになったのである。
(24) エーリッヒ・コルト "Nicht aus den Akten"

十一 昭和十六年五月

五月初旬、ドイツはまもなくソ連に侵攻するのではないかという、ゾルゲの疑いはますます強まった。彼はヒトラーの真意についてオットやヴェネカーと長いこと討論し、二人とも独ソ戦は切迫していると考える、はっきりした根拠を持っていることを知った。

この二人は、ヒトラーは大博打《おおばくち》を打って、イギリス討伐軍の帰還を待たずに東部で第二の戦線を開くつもりでいる、と見ていた。オットによれば、ヒトラーはロシア撃滅をかたく決心して、ソ連がヨーロッパ内に確保した地帯を奪還しようとしている。そこでヨーロッパを完全制覇するのに必要な、膨大な食糧、原料資源を獲得する腹づもりでいる、というのだ。

二日、ゾルゲはこうして得た情報を急いでまとめ、それは四日後にクラウゼンによってモスクワへ打電された。

戦争はいつなんどき勃発《ぼっぱつ》してもおかしくない情勢にある。ヒトラーとドイツ軍の将軍たちは、ソ連と開戦しても対英戦の足枷《あしかせ》にはまったくならないと確信しているからだ。

ドイツの将軍たちは、赤軍の戦力をきわめて低く評価しており、交戦すれば数週間で粉砕できると見ている。独ソの国境地帯における防衛態勢も、非常に脆弱《ぜいじゃく》であると考えている。

ゾルゲは、オットが戦争の勃発はまちがいないと信じて、そのとき特命を帯びて来日していたウラッハに、シベリア鉄道網が切断されないうちに、早く帰国した方がよいと勧めたことを知った。

対ソ開戦はヒトラー自身によって決定され、おそらく五月か、対英戦終結後となるだろう。

しかし、個人的にはこの戦争に反対しているオットは、現在きわめて懐疑的となっており、ウラッハに対して五月中に帰国するよう勧告した。（1）

外交上の重要書類を携えたドイツ外交官が、一定期間を置いて、ベルリンから二週間もかけて次々と来日するようになった。その彼らを、参謀本部選り抜きの陸、海、空軍兵士が、交互に護衛してきた。

ゾルゲは、彼一流の仕方でこれら軍人たちの面倒をみてやり、彼らのことを「自分の諜報《ちようほう》活動における、もう一つのきわめて重要な情報供給源」と呼んでいる（2）。彼らのほとんどは、ベルリンで高い地位を持つ人々の紹介状を持参してきた（3）。例によって自分の戦争経歴を武器とすれば、ゾルゲが彼らに接近するのはわけないことだった。これら軍人たちの中でいちばん地位の高いのは大佐だったが、彼らは、日本に関するオーソリティとして尊敬されている人物に目をとめられたことに光栄すら感じていた。ゾルゲに夜の東京や横浜へ案内された彼らは、故郷を遠く離れた寂しさを紛らわすことができて大喜びだった。

ゾルゲがこれらの軍人に近づいたのは、彼らが日本の軍事情報を入手していたためである。彼らの任務は、外交文書の護衛だけではない。めいめいが特定の使命を帯びており、両国の取り決めに基づいて日本軍との間で秘密情報を交換し合っていたのだ。

彼らは、東京滞在中に日本の陸軍参謀本部と海軍軍令部を訪れて、枢軸《すうじく》国との連絡窓口となっている日本側担当将校と連絡を取り、戦車、砲兵、爆撃技術といったそれぞれの専門分野について情報を交換し合った。

これらの軍人たちから、ゾルゲはドイツ軍がソ連国境に接する東プロイセンとポーランドに集結しているという、信憑性《しんぴょうせい》の高い情報も少しずつ聞き出した。また、本来政治的な使命を持つ参謀本部職員が、重要な手がかりとなる情報をぽろりと漏らすこともあった。昭和十六年の上半期に来日したこれらの軍人たちは、ドイツがソ連へ侵攻した際に日本からどれだけの支援が得られるかを確認する任務を負っていたのだ。こうして収集した証拠によって、その年の春には、東部におけるヒトラーの戦闘態勢の整備はきわめて進展しているのではないかという、ゾルゲの不安は裏づけられた。

そのころ、ニーダマイヤーというドイツ軍人がベルリンの陸軍参謀本部から派遣されてきた。彼はヒトラーの意図について熟知している人物で、前駐日大使ディルクセンの、ゾルゲ宛《あ》ての紹介状を携えていた。ゾルゲに全幅の信頼を寄せていたニーダマイヤーは、何のためらいもなしに極秘情報を伝えた。ゾルゲは述べている。

彼と話して、独ソ戦はもう決定的であるとわかった。(4)

ニーダマイヤーによれば、ドイツはこの戦争に三つの目標を持って臨む、という。一つは、ヨーロッパの穀物倉ウクライナの占領、もう一つは、自国の労働者不足を補うため百万ないしは二百万人の捕虜を獲得して農業や工業面で使役すること、そして最後は、東部国境地帯に継続する危機を、根本的に排除することである。

拘置所において、ゾルゲはこの話し好きな軍人の言ったことを要約している。

ヒトラーは、いまを逃したら二度とチャンスはないと考えている。つまり、戦争をするならいまだ、ということである。ヒトラーは、対英戦が終結してから再び国民を対ソ戦へ向かわせるのは困難だと知っていた。(5)

日本の警察は、東京においてスパイ網が無届けの無線通信をしていることに、警戒の目を光らせていた。警察がこれを最初にキャッチしたのは、昭和十二年のことである。だが日本にある方向探知機では、おおよその発信範囲は確認できるが、通信を追跡して発信源を突きとめることはできなかった。クラウゼンは発覚の危険を少しでも避けるため手早く仕事をし、できるだけ短時間で通信を終えて、ときには急に中止し、大急ぎで場所を移って送信を再開したりしていた。

彼は原則として、気象条件のよい午後四時から七時の間か、早朝に送信するようにしていた。彼がすべて組み立てた無線機は、日中は千五百キロ、夜間は四千キロの通信可能距離を持っていた。彼は、受信基地〈ヴィースバーデン〉の場所はおしえられなかったが、おそらくウラジオストックにあるのだろうと考えていた。昭和十六年の夏、新しい受信基地ができたことを知ったが、それはハバロフスクのどこかだと推測していた。屋外アンテナは目だちすぎるので使用できなかったため、通信距離はかなり制限されざるを得なかった。

日本の警察は少しも進展しないスパイ探索に苛立《いらだ》って、その腹いせとでもいうように法規制をいっそう厳しくした。三月には治安維持法違反は従来にもまして重罪とされ、警察の捜査権が強化された。大正十四年に、天皇制批判者を取り締まるという名目で制定されたこの法は、実際には共産主義者を始めとした〈思想犯〉追及の主要な武器であった。

昭和十六年五月、国家機密を保護するために制定された国防保安法が発効。この法によって国家機密の範囲は拡大され、外交、政治、経済問題まで含むこととなった。軍事機密については、前世紀の末に軍機保護法が、昭和十四年に軍用資源秘密保護法が制定されて、それぞれ効力を発揮していた。どちらの違反者にも、死刑が用意されていた。

こうした一連の苛酷《かこく》な法を根拠づけるために、当局によって、わが国は潜入したスパイのために足元を揺るがされている、といった警告が絶え間なく発せられ、国民の間にスパイ恐怖症を引き起こしていた。五月十二日から十七日の間は〈防諜週間〉とされるといったような、キャンペーンが繰り返された。警察は、どこにひそんでいるかもしれないスパイの摘発に、国民の協力を呼びかけた。スパイは魔法を使って、空から窺《うかが》い、床下から聞き耳を立てています。

東京都内のあちこちに、〈スパイにご用心!〉、〈いつでもスパイに注意を怠るな!〉などと記したけばけばしいポスターが貼《は》りめぐらされ、兵士や住民にうかつなおしゃべりを慎むよう注意を促した。

本格的な追及ならまだしも、こうしたキャンペーンは単なるこけ脅しにすぎず、ゾルゲにとっては腹立たしいかぎりだった。〈防諜週間〉の間、近隣の住民の集まりである〈隣組〉の責任者は、外国人の家へ出入りする者すべてを見張って警察に届け出るよう申し付けられた。ゾルゲはこのばか騒ぎがおさまるまで、慎重を期して尾崎や宮城との会合を見合わせることにした。日本人にとって、この熱病に浮かされたような日々には、外国人と顔を合わせないのがいちばん賢明なことだった。

それまでの六年間、尾崎とゾルゲはほとんど毎月あちこちのレストランで顔を合わせていた。ときには日比谷のリッツ、西銀座のローマイヤー、尾崎の勤務先である満鉄ビルのレストラン・アジアで、昼食や夕食をいっしょに取った。だが、ゾルゲの好物は和食だったため、尾崎はそれを考えて、築地《つきじ》の花月、高輪《たかなわ》のいづみ、愛宕山《あたごやま》の嵯峨野《さがの》といった、自分の気に入りの高級料亭に席を設けた。

こうした場所ならそれなりの秘密が守れたが、スパイ恐怖症がつのると女給たちが青い目の〈外人〉に不審を抱き始め、口ぶりこそ丁寧だが、尾崎からその身元をしきりに聞き出そうとするようになった。もちろん彼女たちは、日本人と外国人が会っていたら通報するよう、警察から申し付けられていたのだ。

昭和十五年の暮れ、ゾルゲと尾崎はこのうんざりする監視の目を避けるため、それまでのやり方を改めるときがきたと悟った。永坂町のゾルゲの家なら、少なくとも周囲の詮索《せんさく》の目を逃れることはできる。それで二人は、二、三週間に一度の割合でそこを使うようになった。鳥居坂署の目に触れにくい通りから家に入ったのだ。独ソ戦が勃発してからは月曜ごとにゾルゲの家で会い、やむを得ぬ場合だけアジアで会うようにした。

五月十五日木曜日の明けがた、ゾルゲは在日ドイツ人社会の回報『ドイッチャー・ディーンスト』を作成するため、いつものとおり大使館へ車を飛ばした。小型の青いダットサンが首相官邸わきの急坂をうなりながら上り、やがて日本の民主主義の抜け殻である、新しい国会議事堂の裏通りを軽々と加速した。大使館に着くと、見慣れた顔を目にした門衛が手を振って通してくれて、ゾルゲは公使館ビルの新旧会館の間にある駐車場へ乗り入れた。

ゾルゲはこの環境にすっかりなじんでいた。各事務所や大使官邸や離れ屋や周囲の庭の隅から隅まで知り尽くしていた。その庭の手入れの行き届いた芝生や花畑に、楓《かえで》や松や桜といった木々が影を落としている。

この構内に住居をかまえられるのは、大使館の最上級外交官だけの特権だった。大使の大邸宅と並んで、それより小さい公使と長官の住居がある。

大使館の各部署は、四つの建物に分散していた。ドクター・アロイス・ティヒーを長とする経済課は、西の隅にあった。そこから小道が出て、大使官邸の裏手にある事務員の集合地区の後ろを抜けて、大使館付き陸、海、空武官の住家のかたまった一画へ通じている。そしてチャンセリー・ビル新館があり、そこにはハンス・ウルリッヒ・フォン・マルヒテーラーの率いる政治課と行政課が収まっている。二階は暗号室で、通信操作が行われていた。

そこから少し離れたところで、小道は二手に分かれて太くなっている。一方の側に、公用車専用のガレージとこの構内の裏門があり、陸軍省に接してよく踏みならされた道がある。それをまっすぐ行くと、カイゼル・ウィルヘルム時代の郵便局そっくりの、チャンセリー・ビルの旧館の赤いレンガ建築に突きあたった。

ここが、ゾルゲが回報編集作業という公《おおやけ》の仕事をしていた場所である。一階は図書館、通信技師のたまり場、文化課で占められている。文化課はラインホルト・シュルツが指揮を執っており、彼は同時にナチス東京支部の最高幹部でもあった。ヒトラー・ユーゲントの〈オーベルゲビーツフューラー〉すなわち地区責任者として、帝国のユーゲントの責任者（ライヒスユーゲントフューラー）バルデュル・フォン・シラッハの次席についていた。(6)

大使館員はすべて〈PGS〉（パルタイゲノッセンすなわちナチ党員）で、そこには、確信して入党した者も仕方なしに入党した者も混じっている。党員であることが、第三帝国の官僚機構で雇用される絶対条件だったのだ。

ゾルゲは薄暗い階段を上って、ミルバッハ伯爵《はくしゃく》が長を務める報道課へ入った。めかしこんだ高慢なミルバッハは、丸い額に高貴な身分をひけらかしている。彼は自分も学生時代に入党したくせに、ヒトラーが権力を握ったらわれもわれもとナチスに入党しようと群がる者たちを、〈有象無象〉として明らさまに軽蔑《けいべつ》していた。その軽蔑はゾルゲにまで及び、彼はゾルゲを、洗練さに欠け、教養がなく、記者としての才能もない男と決めつけていた。報道課でゾルゲを臨時雇用したのは、オット大使の裁量である。初めゾルゲはこの申し出を断ったが、昭和十四年九月に欧州大戦が勃発してから、『ドイッチャー・ディーンスト』の編集作業を引き受けることにした。

これによって、彼は外交官ではないにせよ大使館で公認された地位を与えられて、かなりの給料と、石油などの必需品を支給される特典にあずかることとなる。石油は当時の日本では使用を制限されて、車には能率の悪い木炭が代用されていた。さらに重要なのは、このおかげで館員たちにも認められ、不規則な時間に館内にいようと、何とでも言いわけができるようになったことである。

クラウス・レンツは深夜ニュースのモニター係だったが、ゾルゲはいつも、彼が仕事を終えて家に戻った明け方に大使館へ到着した。若いレンツは、やがてマイジンガー大佐と衝突するようになるが、彼の仕事はドイツやイタリアの軍事報道、ドイツ共同通信のニュース電報を伝える〈ヘルシュライバー〉の受信テープを、無線室（フンクラウム〉で調節することだった。レンツが夜中に機械からちぎり取ったテープ用紙は、夜明けまでには、ゾルゲが切り貼りできるようになっていた。

ゾルゲにとってこの仕事は、諜報活動の大きな妨げにはならなかった。これらの資料は圧縮されて、日本におけるドイツ人向けの、四ページ版『ドイッチャー・ディーンスト』にまとめられる。対英戦、やがては対ソ戦についても、それを報じたニュースはまったく手を加えずそのまま発表された。そのほかには、いつも読者の興味をそそる一般記事、バイエルンの台風のもようやブレーメンの列車事故といったニュースも載っていた。

これは広報紙と言ってよいものだったが、〈ハイマート〉(故郷)とつながりのあるこの回報を熱心に待ち受ける、北海道のドイツ人使節、名古屋のエンジニア、神戸の船舶会社代理店の要求に応《こた》える記事も掲載されていた。(7)

この発行はゾルゲの思い付きではなかったらしい。彼はこのニュース速報を〈ガラクタ〉と呼んで、できるだけ手早くまとめあげていた。日本人職員が写真複写をするまでに、彼が費やす時間はほんの一、二時間にすぎなかった。

ゾルゲはほとんど毎日大使とともに朝食を取り、それからかなりの時間が経《た》って九時になると、大使と各部署長との朝の会見が始まるのだった。二人は天気の悪い日は官邸の玄関を入った左手にある温室で、植木鉢に囲まれて坐《すわ》った。

だがこの日の木曜日は空は青く澄みわたり、少し漂っている雲もときどき吹いてくる冷たい風に流されていた。二人は大使のオフィスわきにある、狭い芝生の気に入りの場所に腰をおろした。ボーイが、コーヒーとジャーマンベーカリーから届いた焼きたてのロールパンを運んでくる。ゾルゲはオットに、深夜ニュースで伝えておいた方がよいと思うものはかいつまんですべて伝えた。これらには、機密事項といえるものは含まれていなかった。


九時近くになると、ニュースの報告を終えたゾルゲは邸内を歩いて行って大使夫人に声をかける。だが、その日彼が玄関広間へ入ると、中年の見知らぬ女性が部屋の一つから顔を出した。二人はしばらく戸惑ったように見つめ合った。そのとき突然、ヘルマ・オットが階段下の貯蔵室から現れた。

「そうそう、お二人とも初めてだったわね。ゾルゲ、こちらはミセス・ヘーリッヒ＝シュナイダーよ」(8)

ゾルゲはその名に聞き覚えがあった。マルガレータ・ヘーリッヒ＝シュナイダーは、ヨーロッパでは喝采《かっさい》を浴びているハープシコード奏者だ。彼女のコンリートは、『フランクフルター・ツァイトゥング』紙の芸術欄で高い評価を得ている。彼はもの珍しげに彼女を見つめて、すらりとした容姿、つやのよい顔色、バラのつぼみのような唇、かわいらしい鼻、いぶかしげに持ちあげかげんのまゆ毛を、一目で見てとった。ゾルゲは白い開襟《かいきん》シャツとしわくちゃのズボン姿で、気取った笑みを浮かべていくらか大げさに会釈《えしゃく》した。

「まったく、知らない、名前では、ありません」彼は言葉の区切りを一つ一つ引きのばしてそう言うと、くるりと玄関の方を向いてさっさと立ち去った。

マルガレータ、あるいは彼女自身の気に入りの呼び方によればエタは、このおかしな振るまいに面くらった。彼女は彼の容貌《ようぼう》に興味を持った。あれは、普通の顔ではない。鼻と口の端の間に鋭い筋が走り、頬骨が張り、高い額がひときわ目立つ。悪魔みたいだ、と彼女は思った。同時に彼女は、その男の底知れないほど深みのある青い瞳《ひとみ》にも、強い印象を受けた。それは休みなく左右へ素早く動き、決して油断をしていなかった。

「どういうお方ですか、あのおかしな人は?」エタはオット夫人に尋ねた。

「ジャーナリストよ。『フランクフルター・ツァイトゥング』紙のね」夫人はそう答えた後で、ぴしゃりと言った。「あの人は、女性にまったく興味がない人です」

ほんとかしら！　エタは思った。どうしてヘルマは、彼と初対面のわたしに、わざわざそんなことを言う気になったのだろう？　ヘルマの奇妙なひとことは彼女の胸にこびりついて、ゾルゲに対する目がくもってしまったが、やがてヘルマが嘘《うそ》をついて自分をまごつかせていたことがわかった。

エーリッヒ・コルトは〈防諜週間《ぼうちょう》〉の最中に来日したが、到着早々にリヒアルト・ゾルゲと初対面したときのことを、容易には忘れなかった。ドイツ大使館に新たに赴任したこの公使は、ほとんど真夜中近く、数名の外交官とともに帝国ホテルを出て家に戻りかけていたときにゾルゲと顔を合わせた。

「ドクター・ゾルゲを紹介しましょう」コルトの連れがそう言って、ロビーの常席に坐っている記者を指さしたのだ。(9)

コルトはその名前と、それにまつわるいくつかの噂《うわさ》も耳にしていた。女と酒に目がなく、世俗のしきたりにつばを吐きかける男等々。そう聞いてはいても、東京における指導的ジャーナリストと言われる人物が、ひどくだらしなく、酒臭く、とりわけその晩は不機嫌で喧嘩《けんか》早くなっていることに驚いた。

ゾルゲはコルトに会うとたちまち議論をふっかけて、リッベントロープが日本をドイツの対英戦に巻きこもうとしていることを、口ぎたなくののしり始めた。ゾルゲはリッベントロープが、オットやほかの館員が失敗した、日本にシンガポール攻撃をけしかけて大英帝国に対立させるという説得工作をもう一度繰り返すために、自分の子飼いの部下を東京へ派遣したことを耳にしていたのだ。彼は挨拶《あいさつ》もそこそこに、コルトに対して、あなたがいくら頑張ってもドイツ大使がなした以上のことはできっこない、と言い切った。

日本人は、あなた方ベルリンの人々を満足させるために、シンガポールを攻撃したりはしませんよ。連中は海賊かもしれないが、あなた方の言いなりにはなりません。

やがて彼は、初めて来日したコルトに忠告した。

日本人の腹の内はなかなか読めません。しかし一つだけ確かなことがあります。来週になれば、連中がアメリカ人と肩を組んで戻って来るってことですよ。

松岡外相は枢軸国《すうじく》側に立つことを明言して、親独的立場を取っていた。だが近衛《このえ》首相はそうではなく、アメリカとの間の溝がこれ以上深まることを回避したがっていた。

ゾルゲはコルトに、最近駐米大使に任命された野村吉三郎《きちさぶろう》海軍大将は、アメリカと交渉して、現在の日米間の険悪な関係を何とか方向転換しようとしている、と伝えた。いまの日本にとっては、ドイツとの連携よりこっちの方が重大問題なのです。

コルトは驚いた。日米交渉についてはこれが初耳だった、と後に回想している。日本が内々でアメリカと取り引きしようとしているなどとは、考えるだけでもばかげたことだった。(10)

ドクター・ゾルゲ、ちょっと待ってください。それは何かのまちがいではありませんか？　日本がわれわれに内緒で、アメリカと交渉しているなどとは考えられませんよ！　それでは、三国同盟を水に流してしまうも同然ではないですか。

「そのとおりですとも。あなたにはおわかりにならんでしょうな！」ゾルゲは乱暴に言い放った。

ゾルゲが友人に語ったことから明らかなとおり、彼はコルトに会ったとたんに嫌悪《けんお》感《かん》を抱いた。この外交官は、ゾルゲが吐き気をもよおすものすべてを備えていたのだ。上品ぶっていて、用心深くて、出世に汲々《きゅうきゅう》としている役人で、リッベントロープの腰《こし》巾着《ぎんちゃく》。疑うことも反抗することも知らないこの男は、第三帝国どころか千年王国の飼い犬だ。

コルトには、日本が外交方針の要《かなめ》ともいうべき三国同盟から逸脱しようとしているとは、どうしても信じられなかった。それゆえそのときは、日米間の安定化の模索というゾルゲの話は、根拠のない噂にすぎまいと考えた。それを知ったゾルゲは、次のことだけ言った。

もう少しお待ちなさい！　再来週になったら、詳しいことをすべて話しますよ。今週はだめです。防諜週間ですからね。〈隣組〉が外国人の動きや、彼らの会う人間を見張っていて、警察に通報することになっているんです。それで、友人もわたしの家に来るのを来週まで控えていましてね。防諜週間が終ったら、誰が来ようとかまいません。とにかく日本人というのは、ドイツ人以上に堅苦しい国民なんです！

その晩、ゾルゲがコルトを怒らせるつもりでいたとしたら、彼は成功したことになる。コルトは、コニャックですっかり勢いづいたゾルゲは〈ひどい大ぼら吹き〉になっていた、と後に記しているのだ。しかしゾルゲの青い目は、いくら飲んでもにごりもせず、鋭さも失わなかった、と感心してもいる。(11)

このきわめて悪い第一印象は最後まで付きまとった。だがコルトは、仲間が口々に言っていたように、ゾルゲが一流の日本通であることはすぐに認めた。初対面のこの日からしばらくすると、ゾルゲは約束どおりこの公使の事務所を訪れて、日本の対米秘密交渉に関する有益な情報や意見を提供した。オットもゾルゲからそれらの資料を渡されて、彼のいわゆる「何でも知っている男」の印象はますます強まった。

日米が緊張緩和に向かっているらしい危険な形勢について、オットはひどく困惑していた。彼は、おそらくはゾルゲの示唆《しさ》によるものだろうが、アメリカが日本に枢軸から脱退するよう圧力をかけていることを知った。日本人の企《たくら》みに対する疑いは、ワシントンにおける交渉をドイツに内緒にしようとしていることでいっそう深まった。こうした事態の変化を苦々しく思いながら、オットは松岡に、日本は三国同盟をしっかり守ってほしいと念押しした。(12)

尾崎は、自分では気づかないまま、長いことドイツ大使館の密偵を務めていた。ゾルゲが、大使館における自分の立場を強化するため、尾崎の集めた諜報資料の多くを上級館員に提供していたためだ。尾崎が政府中枢から仕入れてくる日本の対米方針に関する情報は、ゾルゲにとってこの上なく貴重なものだった。彼は、オットとコルトに日米の秘密取り引きについて説明することによって、彼らに自分が有力な情報源を持っていることを印象づけるとともに、枢軸国間の疑心暗鬼を深めるように立ちまわった。相互信頼の土台が蝕《むしば》まれればそれだけ枢軸側の結束が揺らいで、ソ連を脅《おびや》かす力を弱めるにちがいない。

昭和十六年にドイツ大使館に勤めていたある外交官は、このころのゾルゲは、主にワシントンで行われていた交渉についてドイツ側に情報を流し続けていた、と認めている。

この問題については、アメリカの新聞からも駐米ドイツ大使からも情報が入らなかったわけではないが、それ以上にゾルゲのもたらした情報の方が多かった。(13)

こうして昭和十六年に、ドイツは日米交渉の進展に関する情報を、何カ月間にもわたって、それもかなりの量を、ソ連のスパイを通して入手していたのである。

ロシア人には、日本とアメリカとの関係の進展に注目すべき事情があった。ゾルゲと尾崎は、九月まではこの問題だけに専念するわけにはいかなかったが、それでも注意深く見守っていた。尾崎の意見では、東京とワシントンが溝を埋めようがもの別れをしようが、どのみちソ連にとって有利なことに変わりはない、ということだった。

日本とアメリカが合意すれば、日本とドイツは疎遠《そえん》になる。そうしたら日本は、容易にはソ連刺激策をとらない。また交渉が決裂したら、当然日本軍の南進が図られる。そうして日本と英米が対立関係に入れば、日本がソ連を攻撃する余裕はなくなる。(14)

ゾルゲによると、これは楽観的すぎた。

それも考えられる。しかし日米関係が改善するのは、日本が中国からの漸進《ぜんしん》的撤退を承認するときだ。それで日本が重慶政府との間の和平交渉に成功すれば、アメリカは満足する。そうしたら、日本軍は中国での戦力を軽減できることとなり、それは北方へ向けられる、つまりソ連攻撃が可能となるわけだ。

これは、日米交渉に対するモスクワの懸念《けねん》の中心だった。日本軍の五割が中国戦に釘《くぎ》づけになっているかぎり、日本のソ連侵攻の危険性はきわめて少ない。その点で、泥沼化している〈支那《シナ》事変〉が解決に向かうのは、ソ連にとって決して望ましいことではない。このために、ゾルゲは日米交渉の成り行きから目が離せなかったのである。

ゾルゲは、日米交渉についてベルリンへも報告していた。これは、ドイツ通信社総裁ウィルヘルム・フォン・リトゲンにとっても、立場上是非知っておきたいだろうと考えたためだ。これにいちばん喜んだのはドイツ諜報機関である。SD外務局長ワルター・シェーレンベルクは、昭和十五年からゾルゲの秘密報告に目を通していた。彼は後に記している。

ゾルゲの収集する諜報資料はますます重要となった。一九四一年(昭和十六年)、日本の対米構想を把握することが、われわれの緊急課題となっていたからだ。ゾルゲは早くから、三国同盟はドイツにとって軍事的には大した価値をもたなくなる、と予言していた。そして、ソ連に対するわれわれの軍事行動が開始されてからは、いかなる場合にも、日本はソ連との中立条約を破棄するつもりはないと警告していた。

ゾルゲとドイツ諜報機関との混み入った関係には、非常に興味をそそられるものがある。シェーレンベルクの記述やその他いくつかのヒントでも、まだ釈然としないものが残る。少なくとも傍目には、ゾルゲがドイツ大使館の要求に応じて活動しながら、知らず知らずドイツ諜報機関の大きな網の目に引きこまれていっているような印象を受ける。今日明らかになっている証拠によると、彼はドイツ公安本部、軍最高司令部、ドイツ通信社（昭和十六年には事実上ドイツ諜報部の支部となっていた）、ドイツ外務省から報酬を得ていた。彼への疑いが表立ってからも、彼の貢献に対する感謝の気持ちを、ドイツの軍部や公安本部幹部たちの方が、モスクワの上層部よりはるかに多く持っていたのは、何とも皮肉な話である。(15)

オット大使は、日に日に荒《すさ》んでいくゾルゲが気がかりでならなかった。それは主に、彼が酔って車を塀や電柱にぶつけることについてだったが、酔っているいないに関わらず、政治が話題になると、決まって〈とがった口ひげのオーストリア人〉ヒトラーの賛美者たちに喧嘩ごしで議論を吹っかけるのも悩みの種だった。ベルリンの幹部たちの耳に、大使館で信頼される地位についているジャーナリストの、でたらめな行動ぶりの噂が入りでもしたらどういうことになるか。大使館には、ゲシュタポのマイジンガーばかりか、二人のナチス幹部もいるし、リッベントロープの腰巾着コルトもいる。オットは、彼らの一人あるいは全員が、ゾルゲがへまをしでかすのをいまかいまかと待ち受けているのではないかと、四六時中気が休まらなかった。

ますます常軌を逸していくゾルゲの行動は、もともと昭和十三年のオートバイ事故で生じていた神経障害が、アルコールによって余計進行しているためと思われた。とにかく、彼をこれ以上放置して大使館の名誉を傷つけてはならない。

ある日、オットは、最悪の事態にならないうちにゾルゲをどこか安全なところへ移そうとしたが、そのやり方はひどくものぐさなものだった。

彼は、ちょうどそのとき官邸にとどまっていたプリンツ・アルブレヒト・フォン・ウラッハを書斎に呼んで、手を貸してくれるよう頼んだのだ。

ゾルゲをどうにかしなくてはならない。酒の量がどんどん増えていき、このごろは神経障害を起こしているんじゃないかと思う。このままだと、大使館の信用にもかかわるし、何かまずいことが起こりそうな気がする。とにかく、大使館の評判が第一だ。

そこで考えたのだが、きみが国へ戻るとき、彼もいっしょに連れて行ってくれないだろうか。彼には、ベルリンでちゃんとした記者の仕事につけるよう取り計らうつもりだ。きみは彼の親友だし、いっしょに戻るのがいちばんいいと思うんだが。(16)

ウラッハは、ちょうど日本を発《た》とうとしているところだった。ドイツとソ連との開戦が近づいていることを案じたオットが、彼の帰国を急《せ》かせていたのだ。

ウラッハは、ゾルゲにとっては無二の親友だった。ゾルゲを訪問すると、よくソファで寝かせてもらった。また花子に気があった彼は、ゾルゲの目を盗んでは彼女の体に触ったり抱き締めたりした。さすがのゾルゲも、後から知って、これには目の色を変えた。ともあれ二人はそのような関係にあったため、ウラッハはゾルゲの激しいナチズム嫌悪を知っていたし、東京における比較的気ままな生活の代わりに、戦時下のドイツの窮屈で息のつまる生活を勧めるのはとても無理だとわかっていた。それでも、しぶしぶながらオットの頼みをきいた。

結果は予想したとおりだった。ゾルゲはオットにもらったウィスキーを飲みながら言った。せっかくだがお断りすると大使に伝えてくれ。一大強制収容所と化したドイツへ、彼を誘《いざ》なうものは何もなかった！（17）

ウラッハの報告を聞いたオットはひどくがっかりしたようだった。ウラッハは丁寧な口調で、どうしてあなたが直接ゾルゲに言わなかったのか、と訊《き》いた。

大使、あなたとゾルゲはいつもいっしょにおいでではありませんか。わたしのように、いまのドイツの惨状を知っている者より、さしでがましいことですが、あなたでしたら、もっとちゃんとゾルゲを説得することがおできになりますよ。それとも何か不都合がおありなのですか？

オットは首を振った。

「わたしにはできない。何といっても友人だからな！」（18）

オットはジレンマに陥っていた。彼は、自分の親友であり信頼すべき助言者である男を負担と感じ始めていた。といって彼には、義務感や良識に従って自分で直接彼を追い出すだけの勇気も冷淡さもなかった。このときゾルゲと決別していたら、この後に襲ってくる衝撃的な事態に、二人とも遭遇しないで済んだであろうに。

ゾルゲを帰国させようとする努力が水泡に帰した後は、オットは何もなかったような顔をしていた。ゾルゲの精神的安定についての懸念で、この友人の忠誠心に対する信頼感が揺らぐことは決してなかった。こんな話のあったすぐ後で、オットはゾルゲを自分の私設公使として、大使館の最重要機密事項である暗号表まであずけて上海《シャンハイ》へ派遣したのである。


オットと同じく花子も、ゾルゲの精神の乱れに気づいた。ある晩、くぐもったむせび泣きが聞こえ、見るとゾルゲが書斎のソファにうずくまって両手で頭をかかえこんでいる。

彼女はぎょっとなった。こんなゾルゲを見るのは初めてだ。大の男が泣くなんて！彼女がそばへ行ってしゃがみこむと、ゾルゲは苦痛に身もだえしながら頭を彼女の膝《ひざ》に乗せた。「ママさんみたいに、してください」花子はどうしていいかわからず、彼の腕や背中をなだめるようにさすってやると、ようやく彼は落ちついた。しばらくして彼は顔をあげて彼女を見あげたが、それはまるで子どもが訴えているようだった。

その青い瞳《ひとみ》には、何という孤独感が宿っていたことだろう！　一体どうしたのか、と彼女は尋ねた。

「寂しいのです」彼の声は憂《うれ》いに満ちていた。

「なぜ、寂しいの？」

「友だち、いません」

「どうして？　オットさんも、ワイゼさんも、クラウゼンさんも、みんなお友だちじゃないの？」それどころか、ほかに女の人だっているはずなのに。彼女は一度、オット夫人がこの家で寝ころんでいる写真を見たことがある。でも、いまはそんなことを言い出すときではない。

そう言っても、効き目はなかった。

「本当の、友だち、ほしいです。わたし、本当の友だち、いません」ゾルゲはなおも言い続けた。(19)

こうしたエピソードの中に、昭和十六年春ごろのゾルゲの精神状態を読み取ることができる。ここで言えるのは、スパイとして、ジャーナリストとして、大使館の臨時職員として、光と影の世界を七年以上も行き来してきたことからくるストレスによって、彼の精神がひどく疲弊していたということだ。一九三〇年代に見られた、溌剌《はつらつ》として自信に満ちて、うぬぼれの強い活動家の面影はもはやどこにもなく、ここにあるのは、自己を憐《あわれ》み、神経過敏になった一人ぼっちの人間の姿にほかならない。

彼の深酒には、どこか自暴自棄の衝動さえ窺《うかが》われる。その苦悶《くもん》が、彼の報告を信用せず、さし迫ったドイツの侵攻への警告を無視するという、ソ連上司たちのたびたびのつれない仕打ちで倍加されていたのはまちがいない。第四本部からの手紙には、彼をいびっているとしか思えない調子のものさえある。モスクワ本部にそれほど低くしか評価されていないとしたら、この先どうしたらよいのか？　ドイツは巨大な強制収容所と化した。日本は離れ小島だ。そしてロシアは、虫の好かない諜報員《ちょうほういん》に半信半疑の態度しか示さない。

夏が近づくに伴い、彼は上海を自分の最後の避難所として真剣に考え始めた。だが、この直後に旅行したときには、それが上海旅行の最後になるとは知るよしもなかった。

五月十七日土曜日、ゾルゲは外務省へ車で乗りつけて臨時出入国許可証を受け取った。オット大使の依頼で、急遽《きゅうきょ》上海へ向かうこととなったのだ。

オットはひどく憂慮していた。彼は日本とアメリカが、両国の高まりつつある緊張を外交手段によって解決する方向を模索していることを知っていた。日米の摩擦の主な原因は、日本軍が中国に居座っていることにあり、日本が撤退に応じさえすれば両国間の緊張のかなりの部分は解消する見こみだった。

松岡外相は、そんなことには絶対にならないと請け合っていたが、オットは日本がアメリカの歓心を買うために、実際には枢軸国《すうじく》とのつながりを緩めるのではないか、それどころか同盟から脱退するのではないか、と恐れていた。

やがてオットのもとへ、日本がアメリカに、重慶政府を和平交渉に応じるよう説得してほしいと頼んでいるという情報がもたらされる。中国における日本軍は停戦を切実に望んでいたが、アメリカを和平交渉に引きこもうとする近衛政府のいかなる動きにも同意するとは思われない。にもかかわらず、これはきわめて警戒すべきニュースにはちがいなかった。

いずれにせよ、オットはこうした事態の進展を懸念し、例によって困ったときの頼みの綱である男の方を向いた。

至急上海まで行って、中国に在住する日本人の、さまざまなグループの空気をつかんできてもらえると助かるんだが。現地の連中が、アメリカ人が和平の調停者として招かれることを、どう考えているか知りたいんだ。(20)

出発前にゾルゲは、モスクワ宛《あ》てに二通の通信文を作成した。どちらも五月十九日付けのもので、原文から察するに、それらは二日後にクラウゼンによって送信された。最初の電文では、月末までにドイツの攻撃が開始されることを警告している。

ベルリンから新たに来日した使節たちは、独ソ戦は五月下旬には勃発《ぼっぱつ》するだろうと述べている。ドイツ兵全員が、それまでにベルリンへ帰還するよう指令を受けたことから、そう推測できるというのだ。一方で、この危機は今年は回避されるかも知れない、という見方もある。ドイツ軍は、百五十個師団からなる九軍団を用意している。(21)

二通目では、日米交渉とそれがドイツに対して持つ意味について言及している。

オットー（尾崎）とドイツ大使オットの情報源によると、アメリカは駐日大使グルーを通して、日本との間に新たな親善関係を樹立する提案をした。アメリカは日本軍の撤退を条件に日中間の調停を行い、中国における日本の特殊な立場を認めて、通商面でも優遇策を取ることを申し出た。

アメリカはまた、南太平洋における日本の特別な経済要求も容認すると約束した。しかし同地域への軍事侵略は停止するよう強硬に主張し、さらに日本が三国同盟を完全に放棄することを求めている。

続けてゾルゲは、次のように報じている。日米交渉は松岡の訪欧中に進展していたので、松岡がどう思おうと、彼にはこの形勢をくつがえすことはできない。そればかりか、オット大使からのシンガポール攻撃という再度の要求にも、色よい返事ができない。松岡としては友好国ドイツの要求に応じたいのだが、内相平沼騏《き》一郎《いちろう》男爵《だんしゃく》や海軍といった強力な対立者たちの猛反対を前に、ほとんどなすすべがない現況である。

日米交渉の波は、松岡が帰国したころにはすっかり広まっていた。このため松岡が確固として反米姿勢を貫き、シンガポール攻撃というドイツの要求に応《こた》えようにも、もはや手遅れであった。日本政府内では、行動派と静観派が激しく対立している。静観派のリーダーは平沼と海軍で、海軍はスエズ運河支配後に行動を起こすと思われるが、その場合でも延引策を取るであろう。

松岡はこの内紛をオット大使に伝えたが、松岡自身はそれについて案外楽観的であった。

通信文は、独ソ戦勃発の際の日本の動きに関する、ドイツ大使の推測を結びとしている。日本は実際には参戦するかもしれないが、それはソ連が敗北するか、あるいはシベリアのソ連軍が西部戦線へ移動して、極東における戦力が弱体化したときにかぎられる、というのがオットの読みだというのだ。

オットは、独ソ戦開始当初の数週間は、日本が中立的態度に終始することを知った。しかし日本は、ソ連が敗れたらウラジオストックへの軍事行動を起こすであろう。

日本及びドイツの武官は、極東のソ連軍の、西への移動に注目している。(22)

大日本航空会社は、大阪及び福岡経由で、東京・上海間の定期便を運航していた。天気さえよければ、羽田空港を午前六時半に発った機は午後二時五十分には上海へ到着した。搭乗切符に添付されたちらしには、「機内にトイレがない場合もありますので、事前にお済ませください。なお、機内食としてサンドイッチを用意しております」と記されていた。

ゾルゲにとって、上海は楽しい思い出の多い場所だった。一九三〇年（昭和五年）、初めて東洋の魔力に魅せられたのはこの地である。ここで彼は、旧《ふる》い歴史を持つ複雑な文明のなぞを究めたいという強い衝動のとりことなった。また彼がモスクワから比較的自由に、自らの判断で諜報活動を推進する興奮を味わったのも、雑多な要素が入り交じってごったがえしているこの街においてだった。

ゾルゲは、東京の知人や記者仲間には、中国人に対する同情と愛着、日本の中国侵略に対する激しい反感を隠さなかった。だが、報道記事や大使館の任務においても、本心を表に出す、というわけにはいかない。そのため上海では、日本人好みの〈従順な〉態度を装《よそお》い、ドイツ総領事館の推薦状を盾にして、日本総領事館、陸海軍司令部、貿易商社等の施設を巡察した。

予期したとおり、現地の日本人は一様に戦闘的だった。

当地の日本人の九割方は和平交渉に反対で、近衛首相、松岡外相がそれを押し進めるなら、断固阻止すると述べていた。これから判断するかぎり、日米交渉は、成

功の見こみはないと思われた。(23)

このあわただしい旅行中、ゾルゲはほとんどゆっくりしている暇はなく、予定表はすべて職務上の訪問で埋まっていた。その合間を縫うように、『フランクフルター・ツァイトゥング』紙の通信員の訪中を歓迎してドイツ通信社上海支局長の主催した夕食会に出席し、エルヴィン・ヴィッカートという若い外交官の家に昼食に招《よ》ばれた。この外交官は、ゾルゲが失礼にも自分の新妻に手出しをしかけたと述べている。(24)

ゾルゲは上海における調査結果を、東京へ戻るまで待たずに現地から報告しなければならなかった。彼は暗号電報によって、現地の空気をオットに伝え、それに自分なりの意見を添えた。オットはそれを読んでひと安心したにちがいない。やがてこの報告は、「一字一句たがえずに」ベルリンへ伝えられた。(25)

ここでゾルゲが、ドイツ大使館及びドイツ陸軍の暗号について、少なくとも昭和十一年には知っていたことが思い出されるだろう。当時上級陸軍武官であったオットが、ドイツ軍参謀本部に、やがて反コミンテルン同盟として結実した秘密折衝について説明を求めるため、暗号電報を打電したときのことだ。そのときオットは、陸軍の暗号を用いて通信するに際して大使館員の誰よりもゾルゲを信用した。そして今回は、上海におけるドイツ大使私設公使として、ゾルゲは東京の大使館と暗号で連絡を取ることを公認されていた。

通信の秘密保守のキイとなる暗号表と換字表は、チャンセリー・ビル新館の大使の暗号室に錠をおろして保管されていた。おそらく、銀行の金庫室なみに厳重な安全管理だったのであろう。だがゾルゲは、こうした書類を公務として使用することを許可された。この重要情報が、日本を出てモスクワの暗号解読者に伝わらなかったとはまず考えられない。

ゾルゲが昭和十六年五月にドイツ大使の密命を帯びて暗号に接したことで、きわめて興味深い疑問が生まれる。つまりドイツ大使は、ドイツ公安本部が昭和十五年からゾルゲの忠誠心に疑惑を抱いていたのを知らなかったのではないか、ということだ。そしてオットが何も知らされていなかったとすれば、ゲシュタポはマイジンガーを通して、オットをも要注意人物として監視していた、という推測が成り立つ。それは、オットも薄々は感づいていることだった。(26)

上海からの定期便は、大日本航空会社の昭和十六年の時刻表によると、福岡と大阪に一時着陸後、羽田着午後四時半となっている。ゾルゲは五月二十七日火曜日にその便に乗り、その晩ドイツ大使官邸で夕食を取ったと思われる。

その夕食の席に、ドイツ大使の賓客として来日していたエタ・ヘーリッヒ＝シュナイダーが、神戸のドイツ総領事フォン・バルツァーと並んで同席していた。ハープシコード奏者エタにひどく興味を持ったゾルゲは、その晩官邸を辞す前に、翌日の午後ドライブに出ないか、とそっと誘った。

その晩は、戦艦〈ビスマルク〉の沈没という悲報が大使館に届いていた。英国海軍の航空機が、ヒトラーが数カ月前に進水させたばかりの四万一七〇〇トンの軍艦を、空爆によって撃沈したのだ。

これは、その晩八時にこの報を受けた海軍武官ヴェネカーが、すぐに大使に知らせたものである。誰もがショックを受けて、翌日の大使館は重苦しい空気に包まれた、とヴェネカーは記している。(27)

日本の新聞は、北大西洋におけるこの劇的な海戦を大々的に報じた。独軍は英国海軍の圧倒的な勢力に直面した。ビスマルク号の沈没は、英国の〈世界最大の軍艦〉フッド号の撃沈よりもさらに重大事件である、と書きたてた。

いずれにせよそれは、ドイツにとって少なからぬダメージであった。炯眼《けいがん》な日本人は、ヒトラーが英国を屈服させると得意げに宣言したにもかかわらず、ことのほか手間どっている事実を見逃さなかった。ゾルゲ一人、内心で快哉《かいさい》を叫んでいた。何であれヒトラーの敗北は彼にとって望ましいことだった。

翌水曜日、日本海軍からの哀悼の意が大使館に届いた。週の終りには、大使館の郵便袋は日本人市民、学校生徒たちからの慰問の手紙で満杯となった。中にはドイツ海兵の家族のための寄付金が入っているものもあった。海軍武官は戦中日誌に、「これらの金はすべて救急貯金箱に収めた」と記している。(28)

ゾルゲがエタを、めまぐるしい東京見物に誘った二十八日水曜日の午後は、快晴でとても暖かかった。彼女はこの誘いに浮き浮きしていた。月のなかばに来日してから、エタの目にしたものといえば大使館構内しかなくて、東京のことは何もわからない。そこでオット家の夫婦喧嘩《げんか》や、きりもないおしゃべりや、くだらない好奇心に付き合わされていると、頭がおかしくなってしまいそうだった。

その日の昼食どきに彼女は、ゾルゲという男は車のハンドルを握ったら人が変わってしまうと注意されたが、そんなことには取り合わなかった。「あなたの生命《いのち》を、ゾルゲにあずけてしまってもかまわないの?」アニタ・モールが訊《き》いた。

アニタは金髪も鮮やかな三十代の女性で、ヘルマの長年の話し相手《コンパニオン》だった。「あの人は、ここでのわたしのたった一人のお友だちよ！」ヘルマはエタに言ったが、その口のそばから、オットがこの〈魔性の女《ファーム・ファタール》〉にうつつを抜かしていることを、ため息まじりに打ち明けるのだった。ヘルマは、自分たち夫婦の間は破綻《はたん》したも同然で、もう六年も寝室を別にしているという告白までし、これにはエタも困ってしまった。こんなオット家の家庭事情を聞かされた彼女が、そこに気楽にいられるはずもなかった。

「大使館を出て、本当に街の人たちに会えるなんて夢みたい。あそこにいたら、保護されているのか、閉じ込められているのかわからないんですもの」ゾルゲが走っている自転車を避けながら町なかでスピードを出し、やがて路面電車道をすべるように進み始めると彼女は言った。(29)

「それじゃ、二週間の間どこへも連れて行ってもらえなかったんですか？　要するにあの連中自身が、東京のことを何も知らないんですよ。まったく、想像力のかけらもない連中なんだから。あなたに、四六時中演奏させていたんじゃないんですか？」

「それはかまわないのよ。みなさん、とてもやさしくしてくださいますから」

ゾルゲは道路から目をそらすと、エタに顔を近づけてじっと見つめた。

「やさしく？ やさしくて、想像力に欠けた、はしたない連中というわけですか」

やがてゾルゲは急停車をして、二人は愛宕山公園へ通ずる険しい石段のふもとに立った。そこでゾルゲはエタが近視であることに気づき、彼女の肩に手をまわしてかばいながら石段を上った。

ゾルゲは脚を引きずっていた。「カイゼルに脚を二センチほどくれてしまいましてね。その代わりに、鉄十字章をもらいましたが」そうは言ったが、彼の動きはスポーツ選手なみにしなやかで素早かった。二人は声をそろえて石段の数を数えながら上った。八十四、八十五、八十六！ やがて公園の、見晴らしのよい場所に着いた。眼下には、粗末な家々が、いくらか大きめのあばたのように密集して、東京湾に接するぬかるみの平地まで一本調子で広がっている。

「汚らしいわ！ まるでごみ溜《た》めじゃないの。ナポリだって、もう少しましよ」エタが叫んだ。

二人は茶店で休み、薄めの日本茶を飲んで一息つくと石段をおりた。車を走らせながら、ゾルゲは寺や遺跡を指さして日本の歴史についていろいろと話した。やがて二人はある墓地に着いた。ゾルゲが墓地の名を言ったが、エタには聞き取れなかった。それから、生きているときばかりか死んでからも差別を受けている、外国人が埋葬された狭い一画を歩きまわった。花は散ってしまったが桜の立ち木や芝生の生えた一画があり、二人はそこに腰をおろしてしばらく暖かい陽ざしを浴びた。ゾルゲは外国人の墓石の方へ顔を動かした。

日本人に最初に殺されたヨーロッパ人がここに埋められています。日本人は、いまでこそ刀でわれわれを斬《き》り殺すことはしません。でも腹の中では、いつでもそうしたいと思うくらいわれわれを毛嫌いしているんです。連中はにこにこして親切ですが、だまされてはいけません！　内心では、われわれ全員をすぐにもこの国から追い払ってしまいたい、と考えているんです。でもそうはできない。日本の産業を発展させて商品を売るためには、ヨーロッパの技術と市場が必要だからです。

もう見飽きましたが、連中はいつも礼儀正しい仮面をかぶっています。八年前わたしがここへ来たころは、もう少し外国人に対して鷹揚《おうよう》でした。でもいまは、白人を見たら敵と思え、ですからね！　われわれドイツ人は、日本の味方と考えられています。だけど実をいうと、誰もドイツ人だからって区別なんかしません。要するに白人が嫌いなんです。ついこの間も、ドイツ人の婦人が電車の中で殴られましてね。それは彼女がドイツ人だからではなく、白人だったからなんです。

これは別に驚くことではありません。連中は排外主義を養分として育っているんです。おまけに自分たちだけが、選ばれた民族だと信じこむようにしつけられている。それで、自分たちがアジアを支配する聖なる使命を帯びていると考えており、できればそのほかの世界まで手に入れようとしているんです。

ナチスのイデオロギーの代わりに、日本の支配層は〈神に祭りあげられた人間〉を作り出し、それを隠れみのにして自分たちを近寄りがたい崇高な存在に仕立てています。あらゆる政策は、初代の神武《じんむ》天皇から継承された尊い玉座から出されるお告げとして、権威づけられているのです。神武天皇は二千六百年と六カ月むかしに、その規則を定めたとされています。ナチスでさえ、これほどの人種的優越感に基づく、全体主義国家としての神聖な権威は備えておりません。ヒトラーは、嫉妬《しっと》に身もだえしているんじゃないでしょうかね！

ゾルゲはかいつまんだ歴史の講義を終えると、こんどは彼女のことを話してくれと言った。エタは少しだけ話した。彼女は高校を出るとすぐに、有名な作家ドクター・ワルター・ヘーリッヒと結婚した。だがそれはもう終った。ワルターはよい人だった。父が反対した音楽の勉強が続けられたのは彼のおかげだ。彼女は二人の娘をもうけたが、そのころから結婚生活にひびが入った。気がついたときには、ベルリンで仕事もなく、音楽家としての実績もなく、二人の娘を養わなければならない身となっていた！（30）

そのとき、思いがけない幸運がころがりこんできた。ベルリンにおけるニュー・ミュージックのために開かれる国際協会のピアノの夕べで、演奏してくれるよう頼まれたのだ。それ以来いろいろなところから話が来るようになり、人気が出てきた。この十年間に名声が確立して、ヨーロッパの主要都市でほとんど毎年リサイタルが開けるようになった。

彼女はすべてを打ち明けたわけではない。どうしてドイツから逃亡し、東京のドイツ大使館に寄寓《きぐう》する音楽家となったか、ということは隠していた！　それは、ゾルゲという人間をもっと知ってからのことにしよう。ヒトラーのドイツで、彼女は自分の心にかぎをかけることを学んだ。よく知っているはずの人間でさえ、ゲシュタポのイヌだということがある。東京のドイツ大使館にも、同じ監視の目が光っている。天気の話や植木の話以外は、用心しなければならない。

ゾルゲはエタを夕食に誘い、彼女が大使官邸に戻ったときはすっかり暗くなっていた。オット一家は、ひどくひややかに彼女を迎えた。彼らの不満の理由は容易に想像がついた。その日の午後いっぱいをゾルゲとすごしたことで、彼女はオット一家のプライベートな領域を侵害してしまったのだ。

エタはみんなの機嫌を直そうと、ヘルマに小コンサートを開く提案をした。五月二十八日は、ちょうどヘルマの聖人記念日（訳注。ナーメンスターク。カトリック教徒が洗礼名を受けた日）にあたっていた。エタが、ドイツから届いたばかりのハープシコードでバッハやカベソンを弾くと、ようやく和やかな空気が戻ってきた。だが彼女は、自分が〈彼らの〉ゾルゲとこっそり会い続けたら、今後はそう簡単にみんなをなだめることはできないだろう、といういやな思いから逃れられなかった。(31)

この月の下旬に帝国ホテルに予約した人々の中に、エルヴィン・ショル中佐の名があった。彼は、新たな赴任先のバンコック・ドイツ大使館へ向かう途中、日本へ立ち寄ったのだ。到着するとすぐに、ゾルゲを探して二年ぶりの旧交を暖めようとしたが、そのときゾルゲは上海へ旅行中だった。

やがてゾルゲが帰京すると、二人は帝国ホテルで夕食を取った。五月三十一日の土曜日のことと思われる。それは楽しい再会で、二人の男は心の底から打ちとけてくつろいだ。お互いににぎやかな夜を何度もすごした仲で、ショルはおそらくそのときの放蕩《ほうとう》生活を懐《なつ》かしがって、もう一度そうした夜を再現しようと思っていた。

だがゾルゲにとっては、その前にまずショルをうまくたきつけて、白分の気がかりなことを聞き出すことが先決だった。ドイツ軍のソ連侵攻はいつなのか？　そのときには、彼はショルがベルリンの指令でドイツ大使に戦争開始の予定日を告げるために来日したと気づいていた。

ショル中佐はオット大使に、まったく極秘に、独ソ戦がついに開始されるので然《しか》るべき手を打つようにはっきり伝えた。彼はわたしにいろいろと詳しい話をした。(32)

それより一、二日早く、ゾルゲは大使からショルの報告の要点を聞いており、特定の日にちこそ知らされなかったが、ドイツの侵攻は二、三週間先に迫っていることを確認していた。

前日の三十日金曜日、ゾルゲはこれに関する緊急電報を第四本部宛《あ》てに発した。

ベルリンからオットに、ドイツのソ連攻撃は六月下旬になるという知らせが届いた。オットは、開戦は九十五パーセントまちがいないと信じている。以下は、間接的ながら現在判明していることである。

東京におけるドイツ軍技術課は、遅滞なく帰国せよとの指令を受けた。オットは駐在武官たちに、重要な報告をソ連経由で行うことは一切中止するよう指示した。

ドイツの攻撃の動機は、強力な赤軍が存在するために、一大部隊を東ヨーロッパに駐屯させ続けなければならず、アフリカでの戦線を拡大できないためだ。ソ連の脅威を一掃するためには、赤軍を早急に駆逐しなければならない。これが、オットの述べたことである。(33)

ゾルゲの供述によると、ヒトラーの重要機密事項が、疑うことを知らないドイツ軍人からソ連のスパイにもたらされたのは、帝国ホテルの「ロビーの片隅」でだった。(34)

ショルには、ゾルゲを疑う理由が何一つなかった。彼は第一次世界大戦における学生部隊の同志であり、友人であり、自分がベルリンへ連絡しなければならない報告に進んで手を貸してくれた人間である。

二人の男は、ロビー裏手のテラスの方へ行って茶を飲んだ。この時間には人もおらず、誰も聞いている者はいなかった。これがゾルゲの言う「片隅」なら、二人はそこに立つか高い窓の前に腰をおろすかして、池と石と竹でできた日本風庭園を眺めたにちがいない。ホテル内にはほとんど毎晩、ハタノ演奏楽団による軽やかなワルツが廊下の方から流れてきて、ショルがゾルゲに来たるべき侵攻の話をしているとき、仮に聞き耳を立てる者がいたとしても、うまく妨げとなってくれた。

ショルは言った。

行動は六月二十日に実行される。あるいは、二、三日は遅れるかもしれないが、戦闘態勢は万事整っている。ドイツは百七十から百九十個師団を保有しており、それはすでに東部国境地帯に集結している。いずれも完全武装または機械装備された部隊だ。攻撃は全線で一斉に行われ、まずモスクワ、レニングラードを陥落させ、やがてウクライナの穀倉地帯へ進軍することになっている。

ドイツ軍は赤軍を一撃のもとに粉砕し、大量の捕虜を獲得するに十分な装甲部隊を保有している。最後通牒《つうちょう》はなされない。宣戦布告は戦争開始後に行われる。赤軍は二カ月以内で壊滅すると、ドイツは確信している。ソヴィエト体制の崩壊も同様だろう。シベリア鉄道は冬までに再び開通し、ドイツと日本が直結する日も近いと思われる。(35)

ショルの詳しい説明で情勢が逼迫《ひっぱく》していることを知ったゾルゲの胸の内を、いかなる感情がよぎっただろうか? ヒトラーが手綱を解いた無頼の徒は準備万端を整えており、ソ連が死と崩壊の潮に洗い流されようとしていることはもはや疑うべくもない。そしてゾルゲはそれが必ず起こることを、その日にちまでを知っている数少ない人間の一人だった。このとき彼は、自分がこの世でソ連を不幸から救済できる唯一《ゆいいつ》の人間だと信じたにちがいない。この押しつぶされんばかりの重責のもとで、苦悩によって逆に燃え立った彼の闘志が、ひしひしと感じられてくるようだ。

ロビーにおける話し合いの後、二人の男は夕食におもむいた。場所はゾルゲの行きつけのニュー・グリルだった。ここの特別料理はア・ラ・シャリアピンのビフテキで、それは帝国ホテルのシェフのオリジナル料理であった。だがそのほかにも、豚足のザウアークラウト添えもあり、ショルのような、食べることは腹をふくらませることというタイプの人間には、この方が合っていた。

六月一日、ゾルゲはモスクワへ祈るような気持ちで急信を送り、赤軍はドイツ軍の強襲に備えて国境地帯の防衛態勢を至急整備しなければならない、と告げた。

独ソ開戦は六月十五日近くとみられる。これはもっぱら、ショル中佐が五月六日にベルリンを発《た》ったときの情勢に基づく報告である。ショルは、バンコックに駐在武官として赴任することになった。

オットはこの情報をベルリンから直接入手することはできず、ショルを通じて知っただけだと述べている。(36)

クラウゼンは六月一日にウラジオストックと連絡を取って、五月三十日の通信文とともにこれを送信した。

ソ連で公開された公式記録によるこの電報を読むと、興味津々《しんしん》たる疑問が生じる。ゾルゲは取調べ官に対して、ショルから伝えられた侵攻の日は六月二十日だと述べている。実際の侵攻の日（訳注。六月二十二日）とほんの二日ちがいである。だが六月一日付けのモスクワ宛て電報には、その日は六月十五日となっている。実際の戦争開始日の一週間前なのだ。

ゾルゲがロシア人に告げた六月十五日という日は、明らかにショルが五月初旬にベルリンを発ったときの情勢に基づいている。その後ヒトラーはこれを一週間遅らせた。ゾルゲが尋問を受けたとき、彼は記憶喪失にでも陥っていたのだろうか？ それとも彼は、取調べ官に自分の諜報《ちようほう》活動が正確だと思わせるのが得策だと考えて、あえて日にちを修正したのだろうか？（37）

（1）ロシア国防省資料。報告の全文は次のとおり。

オット大使及びヴェネカー海軍武官と、独ソ関係について討議した。オットは、ヒトラーはソ連を打倒してヨーロッパにおけるソ連領を手中に収めて、そこをヨーロッパ全土を支配するための穀物及び原料基地とする腹づもりだ、と述べた。

大使も武官も、独ソ関係を危機に陥《おとしい》れる二つの日が近づいている、と考えている。

一つは、ソ連における農作物の植え付け終了時である。植え付けさえ済めばいつでも開戦して、ドイツは収穫だけすればよいというわけだ。

もう一つは、ドイツとトルコの交渉に関連している。トルコがドイツの要求を呑《の》んだときにソ連が横槍《よこやり》を入れるようなことをしたら、開戦は必至となる。

とにかく、戦争はいつなんどき勃発《ぼっぱつ》してもおかしくない情勢にある。ヒトラーとドイツ軍の将軍たちは、ソ連と開戦しても対英戦の足枷《あしかせ》にはまったくならないと確信しているからだ。

ドイツの将軍たちは、赤軍の戦闘能力をきわめて低く評価しており、交戦すれば数週間で粉砕できると見ている。独ソの国境地帯における防衛態勢も、非常に脆弱《ぜいじゃく》であると考えている。

対ソ開戦はヒトラー自身によって決定され、おそらく五月か、対英戦終結後となるだろう。

しかし、個人的にはこの戦争に反対しているオットは、現在きわめて懐疑的となっており、ウラッハに対して五月中に帰国するよう勧告した。

（2）『現代史資料』第一巻　二四八頁《ページ》

（3）同右。ゾルゲはそこで述べている。「彼らとなじみになるのは実に簡単だった。大部分が、エッツドルフ、ディルクセン、マツキー、ヴェネカー、シコル、リーツマン、さらに『フランクフルター・ツァイトゥング』紙などによる、わたし宛《あ》ての紹介状を持参したのだから。また彼らの中には、トーマス将軍からわたしに会うよう特に指示されてきた者もいた」

（4）『現代史資料』第一巻　二七四頁

（5）同　右

（6）エルヴィン・ヴィッカートからの手紙。
（7）W・ガリンスキー及び Dr. Fred de la Tyobe との面談。
（8）エタ・ヘーリッヒ＝シュナイダーとの面談。“Cha-raktere und Katastrophen”も参照されたい。
（9）“Nicht aus den Akten”における、ゾルゲとの出会いに関するコルトの説明による。エルヴィン・ヴィッカート“Mut und Übermut”も参照されたい。
（10）エーリッヒ・コルト“Nicht aus den Akten”
（11）同　右
（12）松岡外相は、自分の不在中に日米交渉が進められたことにひどく不満だった。彼の乗った列車がシベリアのツンドラを走っていた四月十八日、大本営政府連絡会議は一つの決定を行った。それは、日本は枢軸《すうじく》同盟を尊重するが、ワシントンにおける野村大使の交渉も妨げない、というものだ。これについて松岡には何の相談もなかった。
（13）エルヴィン・ヴィッカート“Mut und Übermut”
（14）『現代史資料』第二巻　一八八頁
（15）ワルター・シェーレンベルク“The Schellenberg Memoirs”
（16）フリードリッヒ・シーブルク“Der Spiegel”及びエタ・ヘーリッヒ＝シュナイダーとの面談。
（17）同　右

(18) 同　右
(19) 石井花子との面談。『人間ゾルゲ』も参照されたい。
(20) 『現代史資料』第一巻　二七八頁に基づいて会話体に構成。
(21) ロシア国防省資料
(22) 同　右
(23) 『現代史資料』第一巻　二七八頁
(24) エルヴィン・ヴィッカート "Mut und Übermut"
(25) 『現代史資料』第一巻　二七八、四一九頁
(26) マイジンガーは、ゾルゲの到着少し前に上海《シャンハイ》へ着いており、新任公安官として上海赴任中のドイツ人要職者、ナチス支部員、東京で自分が監理しているゲシュタポ活動員などと面会していた。

こうして自分のコネ作りに忙しかったマイジンガーには、ゾルゲを監視している暇などなかったものと思われる。彼はあるばかげた夢想をもてあそんでいたのだ。彼はトレビッチ・リンコルンと面識を得ていた。リンコルンは第一次大戦中、イギリスとドイツの二重スパイとして活躍した伝説的人物だが、このときはまた第二帝国に尽くしていた。

リンコルンはチベットへ潜入して、そこにイギリス領インドを攻撃する軍事拠点を築こうと企てていた。マイジンガーは、この男が持っていた仏教大僧正の資格認定書

にひどく感心して、このことをドイツ公安本部に連絡した。だが運悪くドイツ総領事がこうした動きを知って、ただちにベルリンの上司に伝えた。リンコルンはただの政治的山師にすぎず、仏教との深いつながりなどありはしない。その結果リッベントロープ外相から、マイジンガーに対する厳しい叱責《しっせき》が届いた。「東京のドイツ大使館における貴君の任務は、もっぱら公安官として危険分子を摘発することではないのか」

(27) ジョン・チャプマン "The Price of Admiralty"

(28) 同右

(29) エタ・ヘーリッヒ゠シュナイダー "Charaktere und Katastrophen"

(30) エタ・ヘーリッヒ゠シュナイダーとの面談。

(31) 同右

(32) 『現代史資料』第一巻 二七四頁

(33) ロシア国防省資料。NHKの翻訳は不正確なので注意されたい。

(34) 『現代史資料』第二四巻 一六四頁、〈ロビーの片隅〉での話、及び同第一巻二七四頁を参照されたい。

(35) 『現代史資料』第一巻 二七四頁

(36) ロシア国防省資料に見られる、完全な電文は以下のとおり。

独ソ開戦は六月十五日近くとみられるが、これはもっぱらショル中佐が五月六日にベルリンを発《た》ったときの情勢に基づく報告である。ショルは、バンコックに駐在武官として赴任することになった。

オットはこの情報をベルリンから直接入手することはできず、ショルを通じて知っただけだと述べている。

ショルと話して、ソ連侵攻に関してドイツ側がソ連の犯した重大な作戦ミス（とショルは述べた）に注目していることに気づいた。

ドイツの考えでは、ソ連の防衛線はドイツ前線とそっくり対峙《たいじ》しているだけで、分岐線をまったく持たない点に最大の欠陥があるということだ。これなら、最初の大会戦で赤軍を壊滅できる。ショルは、ドイツ軍が左翼から猛攻を加えれば、いちばん有効にこの弱点を衝《つ》けるだろうと述べた。

この電文を、モスクワの上司たちはあわてて書き取った。自軍の弱点に関して言及された部分にはアンダーラインを引いた。ただ、最後の一文にはクエスチョンマークを付した。第四本部の幹部たちには、「左翼」の意味がわからなかったのだ。彼らは、ゾルゲがもともとはこれ以上のことを説明していたとは思いもしなかった。こんな曖《あい》昧《まい》な表現を残したのは、ゾルゲに不満を持つ無線技師クラウゼンの仕業である。

（37）

ショルとゾルゲは、帝国ホテルでいつ会ったのか？　昭和十五年十二月三十日に関する供述書には、次のような小見出しが付いている。

「ドイツ大使館関係者から、ドイツのソ連侵攻に関してあらかじめ知らされたことについて（昭和十六年五月二十日）」

この日付は、まちがいなくゾルゲが伝えたものである。だが、ゾルゲはその日付について忘れたか、故意にぼやかしているふしがある。例えば上海へは「四月下旬から五月に〈至って〉行った」という件《くだり》がそうである。しかし彼は、五月十七日にはドイツ大使館にいたはずである。外務省の旅券はその日に発行されているのだし、モスクワ宛ての東京からの電文は十九日付けとなっているからだ。

彼がショルと二十日に会って翌日上海へ発ったとしたら、ショルから得た情報を送信するのに、六月一日まで遅らせるはずがない。

さらに、ゾルゲは六月一日の電文で、ショルは五月六日にベルリンを発ったとはっきり述べている。当時、鉄道と空の便がいちばんうまく嚙《か》み合った場合でも、ベルリンから東京までは二週間かかった。

ゾルゲが、ショル来日前に上海へ発ったことを示す、別の資料もある。エタ・ヘーリッヒ＝シュナイダーがその回想録に、ショルは二十日に大使館で夕食を取って大使と二人でゾルゲのことをいろいろ話していた、と記しているのだ。

「二人は、彼の仕事ぶりや頼り甲斐《がい》のあることを、口をそろえてほめちぎっていた」

彼女は、そのときゾルゲが東京にいなかったのは確かだ、と述べている。いたとしたら、長いこと離れていて一刻も早くゾルゲと再会したがっていた旧友ショルが来ているのに、夕食へ招ばれなかったはずがない。それに、ゾルゲは供述において、ショルと夕食を取ったことに二度も触れている。彼が二十日に大使館に招待されないでショルと夕食を取ったとすれば、ショルはその日夕食を二度食べたことになるが、そんなことは考えられない。

「五月二十日」という日付は、取調べ官が数カ月あるいは数年前のできごとの日付について指摘したのと同じく、でたらめとしか考えられない。

〈下巻につづく〉

Title : YEARS OF THE SNAKE : The Search for the Real Richard Sorge, Stalin's Greatest Spy (vol. I)
Author : Robert Whymant

ゾルゲ 引《ひき》裂《さ》かれたスパイ(上)

新潮文庫　ワ－6－1

Published 2003 in Japan
by Shinchosha Company

平成十五年五月一日発行

訳者　西《にし》木《き》正《まさ》明《あき》

発行者　佐藤隆信

発行所　株式会社 新潮社

郵便番号 一六二―八七一一
東京都新宿区矢来町七一
電話 編集部(〇三)三二六六―五四四〇
読者係(〇三)三二六六―五一一一

価格はカバーに表示してあります。

乱丁・落丁本は、ご面倒ですが小社読者係宛ご送付ください。送料小社負担にてお取替えいたします。

印刷・東洋印刷株式会社　製本・株式会社大進堂

ISBN4-10-200311-8 C0198